园区污水厂尾水组合人工湿地深度处理及回用技术研究与应用

许 明　刘伟京　李 云　涂 勇　范子武 ◎ 著

河海大学出版社
HOHAI UNIVERSITY PRESS

内 容 简 介

工业园区污水厂尾水具有水质水量变化大、难降解有机物浓度高、B/C比低等特点，单一的人工湿地处理工艺难于满足工业园区污水厂尾水的深度处理要求。本书结合太湖流域污水处理厂尾水水质特征并以常熟某工业园污水厂尾水为研究对象，构建了垂直流—水平流组合人工湿地工艺，研究了该工艺运行特性、微生物群落结构、水力学特性，并进行了工程化应用。在长期的调研、研究和应用中，解决了人工湿地应用于园区污水处理厂深度处理过程的关键技术，为园区健康可持续发展奠定了基础。

图书在版编目(CIP)数据

园区污水厂尾水组合人工湿地深度处理及回用技术研究与应用 / 许明等著. —南京：河海大学出版社，2018.9(2019.5 重印)
 ISBN 978-7-5630-5650-7

Ⅰ.①园… Ⅱ.①许… Ⅲ.①人工湿地系统—污水处理—研究 Ⅳ.①X703

中国版本图书馆 CIP 数据核字(2018)第 183047 号

书　名/	园区污水厂尾水组合人工湿地深度处理及回用技术研究与应用
书　号/	ISBN 978-7-5630-5650-7
责任编辑/	江　娜
装帧设计/	徐娟娟
出版发行/	河海大学出版社
地　址/	南京市西康路 1 号(邮编：210098)
网　址/	http://www.hhup.com
电　话/	(025)83737852(总编室)　(025)83722833(营销部)
经　销/	江苏省新华发行集团有限公司
排　版/	南京布克文化发展有限公司
印　刷/	虎彩印艺股份有限公司
开　本/	787 毫米×960 毫米　1/16
印　张/	11
字　数/	200 千字
版　次/	2018 年 9 月第 1 版
印　次/	2019 年 5 月第 2 次印刷
定　价/	58.00 元

前　言

工业园区在我国社会经济发展中发挥了重要作用,而工业园区污水厂所排放的尾水水质与受纳敏感水体 IV 类水质之间仍然存在巨大差距,目前还缺乏有效的深度处理工艺。因此,开展工业园区尾水深度处理工艺研究势在必行。人工湿地技术具有投资少,处理成本低,氮、磷去除效率高和无二次污染等优点,备受国内外同行青睐。

工业园区污水厂尾水具有水质水量变化大、难降解有机物浓度高、B/C 比低等特点,单一的人工湿地处理工艺难以满足工业园区污水厂尾水的深度处理要求。如何实现人工湿地技术对工业园区尾水的高效处理,是亟待解决的技术难点。为此,本论文结合太湖流域污水处理厂尾水水质特征并以常熟某工业园污水厂尾水为研究对象,构建了垂直流—水平流组合人工湿地工艺,研究了该工艺运行特性、微生物群落结构、水力学特性,并进行了工程化应用。历经 4 年的前期调研、小试研究、设计和运行优化,实现了园区污水厂尾水组合人工湿地深度处理及回用。在长期的调研、研究和应用中,解决了人工湿地应用于园区污水处理厂深度处理过程的关键技术,为园区健康可持续发展奠定了基础。

全书共分八章,内容包括:第一章绪论;第二章污水处理厂尾水特征解析;第三章垂直流—水平流组合人工湿地的构建及其运行特性;第四章垂直流—水平流组合人工湿地微生物群落结构研究;第五章人工湿地滤料水力学特性研究;第六章垂直流—水平流组合人工湿地工程应用研究;第七章基于模块化组装的尾水生态净化工艺优化方案研究;第八章结论与展望。

本书第一作者毕业于南京大学环境学院,现为河海大学环境学院博士后,主要从事水污染防治、流域面源治理、生态修复等研究和设计工作。本专著的相关成果得到了《乡镇工业园污水厂尾水深度处理回用成套技术研究与工程示范》

(2012ZX07101-003-03)、《水产养殖废水生物强化处理及循环利用研究与应用》(BE2017765)、《基于黑臭河道底泥资源化的微生态净水剂研发与应用》(201716004)、江苏省"六大人才高峰"高层次人才项目《印染废水生物强化处理技术研究及示范》(JNHB-086)、《太湖流域污水处理厂尾水生态净化工程绩效评估研究》(JSZC-G2013-177)课题的资助,在此深表感谢!

感谢南京大学环境学院任洪强教授、河海大学操家顺教授、李超副教授为本书的内容提出的宝贵意见。

感谢江苏省住房和城乡建设厅在调研方面给予的支持!感谢常熟市新材料工业园蔡伟民副主任、常熟中法水务有限公司陈洪伟经理和苏州德华生态环境科技股份有限公司杜建强总经理在现场生活方面给予的支持和帮助!

本书可作为相关科研院所、工程设计单位及其他各类从事人工湿地、生态修复等工程技术人员的参考书。

目 录

前言 ··· 1

第一章　绪论 ··· 1
 1.1　研究背景 ·· 1
 1.2　工业园区污水厂尾水水质特征及深度处理面临的问题 ············· 2
  1.2.1　工业园区污水厂尾水水质特征 ······························· 2
  1.2.2　工业园区污水厂尾水深度处理面临的问题 ····················· 3
 1.3　人工湿地污水处理技术 ·· 5
  1.3.1　人工湿地类型及处理原理 ··································· 5
  1.3.2　人工湿地微生物学群落结构研究进展 ························· 7
  1.3.3　人工湿地水力学特性研究进展 ······························· 10
  1.3.4　人工湿地国内外应用现状 ··································· 10
 1.4　垂直流-水平流组合人工湿地应用面临的核心问题 ················ 17
  1.4.1　对特殊类型废水处理效能不高 ······························ 17
  1.4.2　微生物作用机理研究缺乏 ·································· 17
  1.4.3　水力学特性研究不足 ······································ 18
 1.5　研究的目的、意义与内容 ······································ 18
  1.5.1　研究目的及意义 ·· 18
  1.5.2　研究内容 ·· 19
  1.5.3　技术路线 ·· 20

第二章　污水处理厂尾水特征解析 ······································ 22
 2.1　引言 ··· 22

2.2 太湖流域城镇污水厂类型、分布情况 ························ 23
2.3 太湖流域污水处理厂尾水处理典型工程现状调研················ 25
 2.3.1 苏州太湖国家旅游度假区长沙岛生化尾水组合湿地净化
   工程 ·· 28
 2.3.2 常州市武进区武南污水处理厂尾水生态净化工程········ 31
 2.3.3 无锡市城北污水处理厂尾水生态净化工程
   ··· 34
 2.3.4 常熟新材料产业园生态湿地中心工程 ················· 39
2.4 太湖流域污水处理厂尾水处理全流程污染物解析 ············· 41
 2.4.1 苏州太湖国家旅游度假区长沙岛生化尾水组合湿地净化
   工程 ·· 41
 2.4.2 常州市武进区武南污水处理厂尾水生态净化工程········ 41
 2.4.3 无锡市城北污水处理厂尾水生态净化工程
   ··· 46
2.5 本章小结 ··· 52

第三章 垂直流-水平流组合人工湿地的构建及其运行特性········ 53
3.1 引言 ··· 53
3.2 材料与方法··· 54
 3.2.1 试验装置·· 54
 3.2.2 试验材料·· 54
 3.2.3 试验方法·· 56
 3.2.4 分析方法·· 57
3.3 结果与讨论··· 58
 3.3.1 季节对垂直流-水平流组合人工湿地运行特性的影响····· 58
 3.3.2 水力负荷对垂直流-水平流组合人工湿地运行效能的影响····· 67
 3.3.3 运行特性影响因素主成分分析·························· 70
3.4 本章小结 ··· 72

第四章 垂直流-水平流组合人工湿地微生物群落结构研究········ 74
4.1 引言 ··· 74

4.2 试验材料与方法 ··· 75
  4.2.1 试验装置 ··· 75
  4.2.2 试验材料 ··· 75
  4.2.3 分析方法 ··· 76
4.3 结果与讨论 ··· 78
  4.3.1 微生物功能基因数量与工艺运行效能的关系 ················ 78
  4.3.2 微生物群落结构的空间变化解析及其与工艺运行效能之间的关系 ·· 89
4.4 本章小结 ··· 101

第五章 人工湿地滤料水力学特性研究 ······························ 103
5.1 引言 ··· 103
5.2 试验材料与方法 ·· 104
  5.2.1 试验装置 ··· 104
  5.2.2 试验材料 ··· 104
  5.2.3 试验方法 ··· 104
5.3 结果与讨论 ··· 108
  5.3.1 滤料水力学参数的确定 ····································· 108
  5.3.2 布水强度和频率对运行效能优化 ···························· 110
  5.3.3 有效体积对运行效能的影响 ································· 115
5.4 本章小结 ··· 117

第六章 垂直流-水平流组合人工湿地工程应用研究 ·················· 119
6.1 引言 ··· 119
6.2 工程背景及垂直流-水平流组合人工湿地的构建 ··················· 119
  6.2.1 工程背景 ··· 119
  6.2.2 垂直流-水平流组合人工湿地的工程构建 ···················· 120
6.3 垂直流-水平流组合人工湿地工程运行特性 ························ 122
  6.3.1 垂直流-水平流组合人工湿地工程启动及运行管理 ············ 122
  6.3.2 垂直流-水平流组合人工湿地工程长期运行特性 ·············· 125
6.4 垂直流-水平流组合人工湿地工程应用经济性分析 ················· 129

  6.4.1 工程投资分析 ·· 129
  6.4.2 综合效益分析 ·· 132
  6.4.3 与其他深度处理技术的经济性比较 ······················ 133
 6.5 本章小结 ··· 133

第七章 基于模块化组装的尾水生态净化工艺优化方案研究 ········ 135
 7.1 生态净化模块 ··· 135
  7.1.1 人工湿地模块 ·· 135
  7.1.2 稳定塘模块 ·· 138
 7.2 生态净化技术模块组装工艺流程 ··························· 140
  7.2.1 场地的选择 ·· 140
  7.2.2 湿地植物的选择 ·· 140
  7.2.3 湿地滤料的选择 ·· 146
  7.2.4 水位控制的设计 ·· 147
  7.2.5 防渗要求 ·· 147
 7.3 生态净化技术模块组装建议 ······························· 148
  7.3.1 一级B到一级A的推荐工艺参数 ························ 148
  7.3.2 一级A到Ⅳ的推荐工艺参数 ··························· 149
 7.4 小结 ··· 149

第八章 结论与展望 ··· 150
 8.1 结论 ··· 150
 8.2 展望 ··· 152

参考文献 ·· 153

第一章 绪 论

1.1 研究背景

工业园区是我国工业经济的重要载体[1-2]。截至 2014 年,全国共有国家级工业园区 371 个,省级工业园区 1 198 个[3]。工业园区的设立在我国经济发展和城市布局的改善中起到了重要的作用,而来自工业园区的废水、废气和废渣等对工业园区及周边环境产生了极大的威胁,其中工业废水具有产量大、成分复杂、水质波动大等特点,属于难处理废水。每年我国工业污染源化学需氧量(COD)排放量为 311.3 万 t,氨氮(NH_4^+—N)排放量为 23.2 万 t,工业废水污染已经成为我国水体污染的主要来源之一[4]。据报道[5],我国工业废水排放总量共 209 亿 t。从工业废水的排放行业分析,造纸及纸制品业排放总量最大,其次是化学原料及化学制品制造业和纺织业等。工业园区纷纷建立了污水处理厂,污水处理厂对防治工业废水污染起到了重要作用。虽然工业园区的工业废水通常应按国家要求处理达标后才能外排,但其出水水质仍然难以达到敏感地区天然地表水体可接纳的环境标准,而且工业园区排放水中含有大量的残留性难降解有机物、难生物处理的 NH_4^+—N 和硝酸盐,给受纳水体的生态环境带来极大的影响和破坏。因此,工业园区污水厂尾水急需进行深度处理以达到受纳水体环境标准。

1.2 工业园区污水厂尾水水质特征及深度处理面临的问题

1.2.1 工业园区污水厂尾水水质特征

工业园区污水厂尾水水质有以下两个特征。

(1) 工业园区污水处理厂尾水中氮素污染物总量仍然较大

目前我国工业园区污水处理厂以生物处理为主,但是由于新型污染物的出现、难降解有机物处理难度大和氮素化合物成分复杂等原因,尾水中NH_4^+—N、总氮(TN)和COD等主要水质指标难以达到相关排放标准[6],使受纳水体的TN超标而导致富营养化。

此外,工业园区污水处理厂尾水的污染物排放标准与地表水环境质量标准之间有明显差距(见表1-1)。以《城镇污水处理厂主要水污染物排放标准》(GB 18918—2002)一级A标准与《地表水环境质量标准》(GB 3838—2002)Ⅳ类标准之间的水质指标差距为例,其中NH_4^+—N差距3.5 mg/L,TN差距13.5 mg/L,COD差距20 mg/L,总磷(TP)差距0.2 mg/L。

表1-1 工业园区污水排放标准与地表水环境质量标准之间的差距

标准	分类	COD_{Cr} /(mg/L)	NH_4^+—N /(mg/L)	TN /(mg/L)	TP /(mg/L)
城镇污水处理厂主要水污染物排放标准(GB 18918—2002)	一级A	50	5(8)[a]	15	0.5
	一级B	60	8(15)[a]	20	1.0
地表水环境质量标准(GB 3838—2002)	Ⅰ类	15	0.15	0.2	0.02
	Ⅱ类	15	0.5	0.5	0.1
	Ⅲ类	20	1.0	1.0	0.2
	Ⅳ类	30	1.5	1.5	0.3
	Ⅴ类	40	2.0	2.0	0.4

注:a 代表在水温≤12℃的情况下,执行括号内控制指标数值;在水温>12℃情况下,执行括号外控制指标数值。

(2) 工业园区污水处理厂尾水B/C低,氮素污染物去除难度大

2015年新环保法的实施和十八大提出的"污染零容忍"政策对工业园区的

深度处理提出了更高的要求,工业园区污水处理厂深度脱氮处理是实现工业园区可持续发展的必经之路。相对于城市生活污水,工业园区污水处理厂尾水中BOD_5/COD较低,氮素化合物组成成分复杂,可生化性差[7],属于高氮低碳难处理废水。涂勇等[8]对太湖流域污水处理厂尾水中氮素污染特征进行分析时发现,化工工业园区污水处理厂尾水中氮主要以NH_4^+—N为主,但有机氮含量高,有机物含有难降解的氮杂环;印染工业园区污水处理厂尾水中主要以(亚)硝态氮为主,有机物中含有乙苯和对二甲苯等难降解有机物。难降解有机氮的存在是造成工业园区(化工、印染)污水厂中氮素污染物难以去除的根本原因。

氮素污染物包括NH_4^+—N和硝酸盐,NH_4^+—N的去除主要是通过硝化过程(提供充足的氧气量),而硝酸盐的去除则是通过生物反硝化作用(提供缺氧环境+容易利用的有机碳源)。工业园区污水处理厂尾水中有机碳源数量低、可生化性差,生物反硝化过程较慢或没有。对不同比例工业废水及污水处理厂尾水排放的污染物处理情况进行比较,结果见表1-2。

表1-2 三种不同比例工业废水尾水中主要水污染物情况比较

序号	规模/ (万t/d)	工业废水 比例/%	COD/ (mg/L)	NH_4^+—N/ (mg/L)	TN/ (mg/L)	BOD_5 /COD	BOD_5 /TN
1	1.0	小于50	32.76±2.88	2.98±0.74	10.22±2.53	0.19	0.83
2	25	大于等于50 小于80	38.82±3.25	4.72±0.81	8.31±3.45	0.14	0.80
3	1.0	大于80	42.68±4.30	3.76±0.60	6.60±0.62	0.10	0.65

由表1-2可知,随着工业废水比例增大,BOD_5/COD越低。其中,工业废水比例大于80%时,工业园区污水处理厂尾水中BOD_5/COD仅为0.1,说明尾水可生化性差,难降解有机物含量高。BOD_5/TN随着工业废水比例的提高而下降,其中工业废水比例大于80%,工业园区污水处理厂尾水中BOD_5/TN仅为0.65,说明TN去除难度大。

因此,必须对工业园区污水处理厂尾水进行强化脱氮,才能解决工业园区污水处理厂尾水对受纳水体的环境污染,防止水体的富营养化和水体黑臭等问题。

1.2.2 工业园区污水厂尾水深度处理面临的问题

近年来,随着工业园区水污染的加重和排放标准的不断提高,为了有效防止工业园区周边受纳水体的富营养化,工业园区污水处理厂尾水的深度处理和再生利用研究成热点问题之一[9-10]。工业园区污水厂尾水深度处理技术主要分为三大类:物化处理技术、生物处理技术和生态修复技术,见表1-3。

表1-3 工业园区污水厂尾水深度处理技术汇总

序号	分类	具体技术	优点	缺点
1	物化处理技术	活性炭吸附[11-12]	活性炭吸附可去除80%~90%的溶解性有机物质	该技术对溶解态的污染物去除效果不明显,仅对非溶解态的污染物有明显效果。而且活性炭饱和后需要再生,再生的运行成本高、技术难度大
		高级氧化技术(如芬顿试剂法)[13-15]	高级氧化技术也可将COD进一步降低80%以上	该技术对溶解态的污染物去除效果不明显,仅对非溶解态的污染物有明显效果。高级氧化技术(如芬顿试剂法)的成本较高。处理二级尾水处理效果不佳,使用较少
		膜处理技术,主要包括超滤[16]、纳滤[17]、反渗透[18-19]等	超滤、反渗透对工业尾水中各类污染物及盐分均有良好的去除效果,且能保障达标排放,甚至回用生产	虽然膜出水可以达标,但膜浓缩液无法达标,容易造成二次污染,膜还需要更换和清洗,具有成本高的缺点,因此限制了膜分离技术在工业园区尾水深度处理的发展及应用
2	生物处理技术	生物处理技术主要包括生物膜反应器[20-22]、生物滤池[23]等	生物处理是深度处理中运行成本相对较低,效果比较稳定的一类技术	工程投资相对较高,运行成本较高,容易产生剩余污泥,造成二次污染,需要由专业人员进行操作
3	生态修复技术	人工湿地技术、生态浮床技术为新型生态修复技术[24-26]	建设和运行费用低、无二次污染以及生态环境友好	出水水质稳定性需要进一步提高,不同湿地类型水力学条件不同,微生物种群结构不丰富

由表1-3可知,物化处理技术和生物处理技术有投资和运行成本高、存在二次污染等问题,而生态修复技术具有建设和运行成本低、生态环境好和无二次污染的优点。因此,各种生态修复技术已经被广泛应用于工业废水、生活污水及受污染地表水等各种水体的处理及修复,在污水厂尾水深度处理中的应用亦越来越受到关注。尤其是人工湿地技术具有应用领域广泛、污水适应性强等特点,是目前研究的热点之一。

单一的人工湿地难以实现对特殊类型废水(如工业园区污水厂尾水等)的高效处理。表面流人工湿地对悬浮物、有机质的去除效果较好,但对氮、磷的去除率偏低(10%~15%)[27]。水平流人工湿地通常在厌氧或缺氧状态下完成反硝化,但是硝化反应不足,限制了N的去除。然而垂直流人工湿地硝化效果好,但是反硝化不足[28]。因此,必须要构建组合工艺并且对其进行强化,才能实现对特殊废水的高效和稳定处理。

1.3 人工湿地污水处理技术

1.3.1 人工湿地类型及处理原理

1. 人工湿地类型

人工湿地污水处理技术属于一种污染物去除效能较佳、投资和运行成本低、生态环境好的污水处理技术,正受到国内外许多学者的广泛关注。人工湿地主要有三种:垂直流人工湿地(Vertical Flow Constructed Wetland, VFCW)、水平流人工湿地(Subsurface Flow Wetlands, SSFW)和表面流人工湿地(Surface Flow Wetlands, SFW)[29]。人工湿地分类标准包括植物种类和水流方向,详细分类见图1-1。

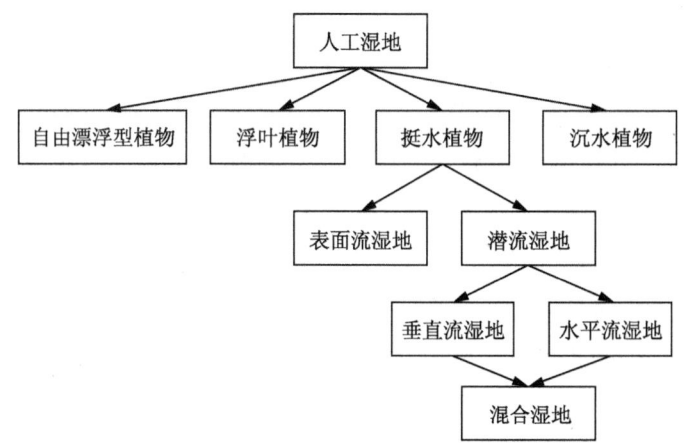

图 1-1 人工湿地基本分类

2. 人工湿地处理原理

人工湿地主要由植物、微生物和基质三部分组成,它们相互作用形成一个复杂的生态净化系统。人工湿地高效分解与净化污染物质的途径主要有 3 种[30-32]：茎叶处和基质表面微生物降解和转化；基质的吸附和过滤；植物的同化吸收。

(1) 微生物是人工湿地中的关键角色，也是各种功能作用实现的基础。李剑波[27]研究表明，微生物对湿地系统脱氮的贡献率约占 80%，而植物净化仅占到 7%。Morató 等[33]研究显示，细菌是湿地生态系统中的关键成员。人工湿地中细菌群落的组成与湿地类型（天然或人工湿地）、环境类型（泻湖、香蒲或柳）和三个连续的参数（SOM、COD 和 TKN）显著相关。Chang 等[34]采用四组复合流垂直流人工湿地处理市政污水，结果表明：在好氧环境下，好氧菌占主导，向下流和向上流人工湿地中微生物具有明显差异性。

(2) 基质是微生物重要的栖息地，同时也是植物生长的主要环境和介质，它通过截留和过滤形成自身的污染物净化功能[35]。有研究者采用铝盐污泥[36-38]和陶粒[39]作为人工湿地基质以提高污染物处理效果。但这些滤料存在制备成本高、比表面积小和微生物负载效果差等问题。Norris 等[40]将天然砂砾介质成功用于湿地处理并取得良好效果。因此，可通过选择大的滤料的比表面积、较多的孔道石英砂滤料来改善和提高水力学特性，实现污染物高效去除。

(3) 植物对污染物的去除是通过自身的同化吸收作用和植物根系的微生物氧化作用来实现的[41-43]。植物根系周围存在"根圈效应"，即可根据距离根系的远近将植物根系周边分为厌氧区、缺氧区和好氧区，相应地滋生大量的厌氧菌、反硝化菌和硝化菌，从而实现水体的生物硝化、反硝化脱氮过程。Cristina 等[44]研究了芦苇、马蹄莲、美人蕉、苔菊和芒草等植物对微量污染物的去除效率，结果表明芦苇和美人蕉去除效果最好。Salvato 等[45]研究了芦苇和灯心草等几种植物处理含 NO_3^-—N 和 NH_4^+—N 的合成废水的效果，结果显示大量的 NH_4^+—N 在所有处理中迅速消失，而 NO_3^-—N 仅在植被的床中下降。Li 等[46]采用水芹、鸢尾、美人蕉和菹草四种水生植物处理富营养化水体，结果表明，氮的去除率达到 28.2%～34.5%，磷的去除率为 25.2%～33.4%。此外，人工湿地中的植物可以处理微量元素[47]和吸附重金属等[48-49]。在人工湿地植物的筛选研究中，芦苇（*Phragmites australis*）表现出较好的去除效果，其根系强大、多年生、耐寒强，光合作用效果好，这些都对硝化、反硝化和有机物降解过程有促进作用[50]。

因此，微生物和基质是人工湿地对污染物去除的关键因素，也是人工湿地研究和应用的热点和难点。

1.3.2 人工湿地微生物学群落结构研究进展

微生物是污染物去除的主要贡献者,正确认知人工湿地系统微生物群落结构及功能微生物(硝化菌、反硝化菌等)的状态、变化规律及其与污染物去除的相关性,有利于对人工湿地系统的去除能力进行预测[51]和调控[52],从而提升人工湿地的处理效果和促进其在实际工程中的应用。国内外研究者采用了各种方法研究人工湿地中的微生物,包括微生物群落结构解析[53]、微生物功能基因丰度变化等[54]。Adrados 等[53]采用 PCR-DGGE 技术对水平流人工湿地和垂直流人工湿地基质中的微生物群落进行考察,发现真细菌群落结构差异性大。Ramond 等[51]通过 DGGE 等分子生物学手段监控人工湿地的微生态群落结构,结果表明:从启动至稳定建立的时间为 100 d 左右。He 等[55]采用 PCR-RFLP 技术证明湿地系统中变形菌占真细菌丰度的 52.9%。Sims 等[54]采用定量 PCR(qPCR)技术监测贫养池塘中氨氧化细菌及古菌的丰度,证明了 NH_4^+—N 浓度是其最主要影响因素。此外,基因克隆文库、酶活性分析及 PLFA 等技术也被广泛应用[56-58]。近年来,生物技术,如第二代测序技术(高通量测序)的进一步发展,为人工湿地群落结构的分析提供了更有效的手段,且正在逐步替代传统分子生物学技术手段。如 Arroyo 等[59]采用 454 焦磷酸测序技术比较了不同湿地类型(自然湿地与人工湿地)、不同人工湿地生境以及参数条件下系统中的微生物群落结构,结果表明:*Proteobacteria* 在人工湿地中占主导地位,而 *Acidobacteria* 在自然湿地中丰度较高。然而,现有关于人工湿地微生物的研究多采用相对落后或较为单一的技术,缺少基于先进的、多种技术相结合的多元化深入解析,难以全面揭示人工湿地的微生物信息。定量 PCR 技术可对功能基因进行绝对定量,DGGE 技术可对微生物群落结构进行初步分析,高通量测序(Miseq)技术可进一步全面解析微生物群落结构。因此,单一采用定量 PCR、DGGE 和 Miseq 技术无法对人工湿地中微生物的时空变化规律进行全面解析。

对人工湿地微生物群落的研究不仅揭示了系统微生物群落结构特征等信息,也表明湿系统中微生物群落与人工湿地的运行参数及去污功能密切相关[60]。Song 等[61]的研究结果表明,水力脉冲虽然对反硝化速率影响较大,但与反硝化菌群结构及反硝化基因丰度的相关性较小。而 Höfferle 等[62]证实,基质深度与硝化基因丰度呈现相关性。Peralta 等[63]的研究表明,微生物群落结构与碳氮比有密切的关联。现有研究对人工湿地中某些参数与微生物群落已经建立了一定的相关性,然而,微生物(特别是硝化菌、反硝化菌等)在人工湿地系统中的时空变化规律及其与污染物去除在时空上的相关性分析尚比较缺乏。Pearson 相关性分析是利用统计学方法对两组数据进行线性相关分析的有效手段。因此,基于上述微生物功能基因和群落结构的全面解析,同时借助 Pearson 相关性分析,可有效解析湿地系统中微生物与污染物去除在时空上的相关性,从而进一步揭示人工湿地中微生物对污染物的去除机理。此外,真正基于微生物群落结构分析的对实际工程应用指导方面的研究较少。主要原因是工程应用相对于实验研究具有更大的复杂性、长期性和不可确定性,一直没有引起足够的重视,该方面研究相对滞后。

人工湿地微生物群落研究现状总结见表 1-4。

表 1-4 人工湿地系统微生物群落研究现状

序号	废水类型	湿地工艺	技术手段	主要结论	文献
1	生活污水	自然湿地	amoA 基因定量 PCR	古细菌硝化基因丰度与湿地土壤深度呈相关性;而真细菌硝化基因则集中在污染区	[63]
2	地表水	自然湿地	T-RFLP	α、β Proteobacteria 在富氧区占主导地位,Clostridial 在贫氧区是优势菌群	[64]
3	地表水	自然湿地	DGGE	Acidobacteria,δ-Proteobacteria 和 Cytophaga 对有机物或纤维素具有特殊降解能力,它们在互花米草区域富集,增强土壤的微生物呼吸作用,强化污染物降解	[65]
4	地表水	自然湿地	454 焦磷酸测序	人工湿地中 Proteobacteria 占主导,而 Acidobacteria 在自然湿地中丰度较高	[59]
5	地表水	自然湿地	同位素标记	除草剂对湿地中浮游微生物与固着微生物的生长有较大影响	[66]
6	养猪废水	表面流湿地	DGGE	出水相比进水微生物多样性大幅下降,Pseudomonas sp.,Arthrobacter sp. 和 Bacillus sp. 为优势菌种,且发现了厌氧氨氧化菌	[67]

续表

序号	废水类型	湿地工艺	技术手段	主要结论	文献
7	生活污水	表面流湿地	DGGE	硝化菌群主要为 *Nitrosomonas marina* 和 *Nitrosomonas ureae*	[68]
8	生活污水	水平流湿地	PLFA	$α$、$β$、$δ$-*Proteobacteria*，*Nitrospirae*，*Bacteroidetes*，*Acidobacteria*，*Firmicutes Synergistetes* 和 *Deferribacteres* 占主导地位，且随着基质深度不同，群落结构差异较大	[69]
9	生活污水	垂直流湿地	T-RFLP 和 nirS 基因定量 PCR	水力脉冲对反硝化速率影响较大，但对反硝化菌群结构及反硝化基因丰度影响较小	[61]
10	生活污水	垂直流湿地	Illumina 测序	湿地系统基质中富含 *Chloroflexi*，*Bacillariophyta*，*Gammaproteobacteria*，*Epsilonproteobacteria* 等初级生产者，以及 *Actinomycetales*，*Bacteroidetes* 和 *Firmicutes* 等腐生菌	[71]
11	制革废水	垂直流湿地	T-RFLP	菌群结构随着基质深度变化不明显；根区与非根区菌群结构差异大	[70]
12	生活污水	复合垂直流人工湿地	PLFA 与定量 PCR	细菌和真菌数量在湿地系统的表层高于潜层；*Nitrosomonas* 是系统内主要的硝化菌属	[72]
13	制革废水	两级组合人工湿地	DGGE	微生物群落在各个湿地单元合理、均匀分布，且多样性较高	[73]
14	农村生活污水	二阶组合人工湿地	PCR 与 RFLP	变形菌门占湿地系统的 52.9%（总丰度）	[55]
15	生活污水	复合流人工湿地	PCR-SSCP	硝化菌与反硝化菌在各个季节的分布不一，微生物功能群的分布与湿地中不同营养水平有关	[74]

由表 1-4 可知，人工湿地和自然湿地微生物群落差异性较大，其中人工湿地以 *Proteobacteria* 菌群为主导，而自然湿地则以 *Acidobacteria* 等水解性微生物占优势，这说明人工湿地更适合处理不同类型污水。组合工艺相比单一工艺，拥

有更丰富的微生物群落。此外，人工湿地处理生活污水的微生物研究较多，而对特殊类型废水（如工业园区尾水深度处理）的研究鲜见报道。

1.3.3 人工湿地水力学特性研究进展

水力学特性是影响人工湿地深度处理效能的重要特性之一。只有全面了解水力学规律，才能更好地为设计和运行做出准确的判断和预测[75-78]。水力学特性诸如滤料渗透性、水力负荷和有效体积等，是人工湿地研究的热点和难点之一[79-83]。

国内外学者对人工湿地内部水力学特性进行了一些探索，但总体来看，研究还处于起步阶段。Knowles 等[84]研究了三维水力传导系数下的剖面水力学特征，并用 COMSOL 软件进行了水流系统的模拟，但难以直接观察人工湿地内部的水流和净化过程。范立维等[85]通过示踪剂实验从停留时间分布(RTD)曲线及其统计特征值等方面对垂直流人工湿地的水力学特性进行了定性和定量的分析。芦秀青[86]采用 Hydrus 2D 软件对水力负荷和水流速度条件定性二维研究，未对滤料级配、比表面积、渗透系数等关键参数进行综合评估和计算，未对三维条件下的水力学特性进行研究。因此，上述研究的局限性在于无法直观、准确地揭示人工湿地水力学特性的时空分布，难于从中获得对工艺设计和运行的有效指导。迄今，许多人工湿地工艺仅凭经验设计。

Hydrus 3D 是国际地下水模拟中心于 1999 年开发的商业化软件。软件可以用于研究非饱和土壤、部分饱和土壤或饱和土壤中的水和多孔介质情况下的运动。因此，采用 Hydrus 3D 对人工湿地中水分在基质中三维运动的模拟，可以真实展示湿地的流场分布，探讨滤料水力学参数（级配、渗透系数、比表面积）对水流规律和水力效率的影响，揭示水力负荷、布水频率对人工湿地系统净化效果的影响规律，为人工湿地工艺设计和水力学优化提供理论指导。

1.3.4 人工湿地国内外应用现状

1. 人工湿地工艺技术应用现状比较

人工湿地污水处理工艺不同，对污染物去除效果存在较大影响[87-88]。同一种人工湿地污水处理工艺因为运行方式不同对废水处理效果也存在一定差异[89-90]。不同人工湿地污水处理工艺对污染物的去除效果见表 1-5。

表1-5 不同人工湿地污水处理工艺对污染物的去除效果

序号	废水类型	主体工艺	主要植物	主要基质	进水浓度/(mg/L)	出水浓度/(mg/L)	去除效果	运行方式	水力负荷/(m/d)	参考文献
1	制革废水	水平流湿地	大型植物	碎石	—	—	铬:99.83% 浊度:71%	连续流	0.045	[91]
2	生活污水	水平流湿地	—	火山岩碎石	—	—	COD:55%~65% NH_4^+—N:40%~54% TN:46%~59%	连续流	0.96	[92]
3	屠宰废水	垂直流湿地	芦苇	陶粒、河沙	COD:100 NH_4^+—N:6.8	CODcr:37.3 NH_4^+—N:3.23	CODcr:62.7% NH_4^+—N:51.8%	间歇流	1~2.5	[93]
4	生活废水	垂直流湿地	芦苇、香蒲	火山石、沸石等	COD:510.4 BOD_5:427.6 NH_3—N:45.0 TP:5.3	COD:124.3 BOD_5:87.5 NH_4^+—N:19.1 TP:3.4	COD:75.8% BOD_5:79.6% NH_4^+—N:58% TP:38%	连续流	0.19~0.44	[94]
5	生活废水	垂直流湿地	灯芯草	碎石	NH_4^+—N:29.8 TN:28.8 TP:5.6	NH_4^+—N:0.3 TN:0.4 TP:0.3	NH_4^+—N:99% TN:99% TP:88%	间歇流	—	[95]
6	乳酪废水	垂直流+水平流	芦苇	砾石泥炭层	COD:2 248.33 BOD_5:1 016.83 TSS:504 TP:17.37	—	COD:80% BOD_5:68% TSS:80% TP:55%	连续流	—	[96]
7	酒厂和旅游区综合废水	垂直流+水平流	芦苇	花岗质砾石	COD:422~2 178 BOD_5:216~1 379 TSS:72~172	COD:143~347 BOD_5:8~204 TKN:22.3~25 NH_4^+—N:1.2~8 TP:1.6~3 TSS:17~19	COD:73.3% BOD_5:74.2% TKN:52.4% NH_4^+—N:55.4% TP:17.4% TSS:86.8%	连续流	0.019 5	[97]

续表

序号	废水类型	主体工艺	主要植物	主要基质	进水浓度/(mg/L)	出水浓度/(mg/L)	去除效果	运行方式	水力负荷/(m/d)	参考文献
8	养鱼废水	垂直流+水平流	美人蕉	石英砂	—	—	—	间歇流	0.75,1.5,3	[98]
9	生活污水	垂直流+水平流	芦苇、莞草	石英砂	COD:462 BOD$_5$:310 TSS:80 NH$_4^+$—N:124	COD:79 BOD$_5$:40 TSS:4.0 NH$_4^+$—N:19	COD:83% BOD$_5$:87% TSS:95% NH$_4^+$-N:85%	连续流	0.037,0.075	[99]
10	生活污水	垂直流+水平流	芦苇	石英砂	COD:132 TSS:93 NH$_3$-N:10.8 TP:2.9	COD:21 TSS:3.2 NH$_4^+$—N:2.2 TP:0.45	COD:84% TSS:97% NH$_4^+$-N:80% TP:85%	间歇流	—	[100]
11	初期雨水	表面流+水平流	芦苇、菖蒲、香蒲	石英砂	COD:46 TN:2.53 TP:0.34	COD:13.8 TN:1.86 TP:0.09	COD:70% TN:26.5% TP:73.5%	连续流	—	[101]
12	农村污水	水平流+垂直流	芦苇	石英砂	—	—	COD:85% BOD$_5$:97% TSS:97% TN:71% P-PO$_4$:82%	连续流	—	[102]
13	生活污水	水平流+垂直流	芦苇	石英砂	COD:284 BOD$_5$:84 TSS:62 TN:66	COD:86 BOD$_5$:8 TSS:8 TN:25	COD:86% BOD$_5$:90% TSS:81% TN:62%	连续流	0.095,0.189	[103]

第一章 绪 论

续表

序号	废水类型	主体工艺	主要植物	主要基质	进水浓度/(mg/L)	出水浓度/(mg/L)	去除效果	运行方式	水力负荷/(m/d)	参考文献
14	综合污水厂尾水	水平流+水平流	芦苇	碎石	COD:≤40 BOD₅:≤20 NH₄⁺-N:≤8 TP:≤0.5	COD:≤30 BOD₅:≤6 NH₃-N:≤1.5 TP:≤0.3	COD:20%~50% NH₄⁺-N:70%~90%	间歇流	0.64	[104]
15	制革废水	水平流+水平流	芦竹	石英砂	COD:68~425 BOD₅:16~220	—	COD:51%~80% BOD₅:53%~90% TKN:41%~90% NH₄⁺-N:31%~89% TP:40%~93%	连续流	0.6	[105]
16	生活污水	水平流+水平流	黄菖蒲	花岗石红色火山灰	COD:2 248.33 BOD₅:1 016.83 NH₄⁺-N:3.82 TSS:504 TP:17.37	NO₃⁻-N<2	TSS:80% NO₃⁻-N:98% NO₂⁻-N:98%	连续流	—	[106]
17	生活污水	水平流+垂直流;芦苇 垂直流+水平流	芦苇	石英砂	—	—	—	间歇流	—	[107]
18	农场废水	垂直流+水平流+垂直流	芦苇	小卵石	COD:11.5 BOD₅:4.2 NH₄⁺-N:110 TP:30	COD:0.2 BOD₅:0.08 NH₄⁺-N:15 TP:3	COD:98% BOD₅:73% NH₄⁺-N:86% TP:87%	间歇流	0.06	[108]

13

由表 1-5 可知：

(1) 就单一人工湿地工艺对污染物去除效果而言，垂直流人工湿地对 NH_4^+—N 的去除率大于水平流湿地（NH_4^+—N 去除效果高 10% 左右），但水平流人工湿地对 TN 的去除率好于垂直流人工湿地（TN 去除率高 5% 左右）。

(2) 就组合人工湿地工艺对污染物去除效果而言，其污染物去除效果明显优于单一人工湿地工艺，且对 COD、NH_4^+—N、TN 和 TP 等污染物去除率高约 10% 以上。

对垂直流-水平流组合人工湿地和水平流-垂直流组合人工湿地的比较见图 1-2。

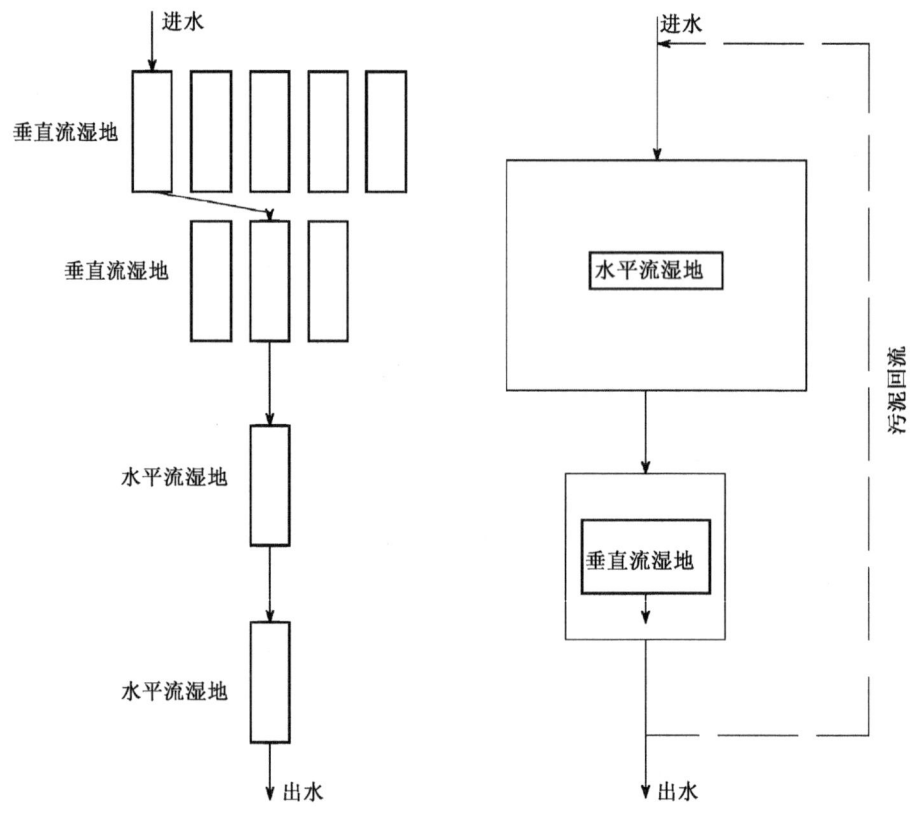

(a) 垂直流-水平流组合人工湿地处理工艺　(b) 水平流-垂直流组合人工湿地处理工艺

图 1-2　人工湿地组合工艺图

① 水平流-垂直流组合人工湿地：Johansen 和 Brix[109]在20世纪90年代中期最早提出水平流-垂直流组合人工湿地，水平流-垂直流可提高反硝化功能，提高 NH_4^+—N 和硝氮的去除效率，但出水需要回流，增加运行成本[110-112]。该组合工艺应用于化粪池出水和生活污水等废水处理时，取得了良好的 NH_4^+—N 去除效果[113-114]。但在处理 NH_4^+—N 和 TN 去除要求高的废水或特殊类型废水（工业园区污水厂尾水）的情况下，往往难以适用。

② 垂直流-水平流组合人工湿地处理工艺：垂直流人工湿地主要提供好氧环境以驯化硝化菌进行硝化作用，而水平流人工湿地则依靠其缺氧条件驯化反硝化菌实现反硝化，两者相互配合进而达到高效去除 TN 的目标。Vymazal[28]总结了垂直流-水平流组合人工湿地对 NH_4^+—N 和 TN 的去除率可分别达到49%和52%。Vymazal 等[115]采用垂直流-水平流组合人工湿地处理生活废水。结果显示，NH_4^+—N 浓度为 29.9 mg/L 时，出水平均浓度为 6.5 mg/L，去除效率达到 78.3%。该组合工艺相比传统的污水处理工艺，设施运行和维护成本降低了 2/3。Zhai[116]采用了一种连续折流垂直流人工湿地和水平流人工湿地的组合工艺处理中国华南地区的废水中的有机物和氮，结果表明，出水中 NH_4^+—N、TN 和 TP 的去除率分别达到 71.7%、64.5% 和 68.1%，出水水质可以达到《城镇污水处理厂主要水污染物排放标准》一级 A 标准。上述研究表明，该组合工艺具有 NH_4^+—N 和 TN 去除效果好等特点[117]。

通过以上比较可知，垂直流-水平流组合人工湿地在 NH_4^+—N 和 TN 去除率方面优于水平流-垂直流人工湿地 5%~10%[100,107]。

2. 人工湿地在深度处理中的应用现状

近年来，国内外对人工湿地应用于尾水深度处理的情况见表1-6。

由表1-6可知，人工湿地技术在城市生活污水中的应用较为成功。主要原因是：一方面，城市生活污水尾水中 B/C 比较高，有机物容易降解；另一方面，人工湿地类型以垂直流人工湿地为主体，充分发挥了垂直流人工湿地对有机物和 NH_4^+—N 去除率高的优点。但人工湿地在水质要求较高，尤其是 TN 达到Ⅳ类的污水中的应用较少见。同时人工湿地应用于工业园区污水厂尾水的研究报道也较少。

表 1-6 人工湿地技术应用于污水深度处理的情况

序号	主体工艺	主要植物	进水浓度/(mg/L)	出水浓度/(mg/L)	去除效果	水力负荷/(m/d)	参考文献
1	垂直流湿地	各种水生湿生植物	COD:25.8~45.6 BOD$_5$:6.2~12.1 NH$_4^+$-N:3.20~5.73 TP:0.41~0.71	COD:13.6~21.8 BOD$_5$:3.3~6.6 NH$_4^+$-N:0.96~1.58 TP:0.18~0.31	COD:39.1%~58.5% BOD$_5$:40%~55.2% NH$_4^+$-N:65.0%~76.7% TP:46.3%~67.7%	0.58	[118]
2	垂直流湿地	美人蕉、芦苇	COD:159.95	—	COD:47% NH$_4^+$-N:53%	—	[119]
3	三级表流+二级水平流	水芹、芦苇、多重沉水植物	COD:26.3~38.6 BOD$_5$:6.79~10.5 NH$_4^+$-N:0.41~0.72 NO$_3^-$-N:5.12~11.3 TN:6.41~14.5 TP:0.21~0.56	COD:1.78~2.29 BOD$_5$:3.45~6.23 NH$_4^+$-N:0.178~0.42 NO$_3^-$-N:3.15~7.34 TN:3.18~8.25 TP:0.092~0.236	COD:35.2% BOD$_5$:44.3% NH$_4^+$-N:40.5% NO$_3^-$-N:34.3% TN:45.6% TP:53.5%	2.27	[120]
4	生态塘-垂直流湿地	芦苇、风车草、芦荻等	COD:47.8 BOD$_5$:12.2 NH$_4^+$-N:5.84 TP:0.96	COD:18.3 BOD$_5$:4.4 NH$_4^+$-N:0.99 TP:0.24	COD:61.8% BOD$_5$:64.4% NH$_4^+$-N:82.6% TP:75.2%	0.57	[121]

1.4 垂直流-水平流组合人工湿地应用面临的核心问题

垂直流-水平流组合人工湿地不需回流系统,同时对氮素污染物的去除效率较高,因此得到了国内外更高的关注和更广泛的应用。但是,在现有垂直流-水平流组合人工湿地的设计和运行中,仍然面临如下问题。

1.4.1 对特殊类型废水处理效能不高

虽然垂直流-水平流组合人工湿地处理工艺可以先通过垂直流人工湿地大气复氧,好氧微生物的高效降解和硝化菌进行硝化作用[122]来去除大部分 NH_4^+—N,为水平流人工湿地反硝化提供基础,然后在缺氧条件下,由水平流人工湿地中的反硝化菌完成 TN 去除[102],但此方法对水质水量波动大、难降解有机物高、B/C 值较低、C/N 比例失调的工业园区污水厂尾水的处理效能并不高。一方面,污水中大部分难降解的有机物在垂直流人工湿地中未被降解,因此进入水平流人工湿地的易降解有机物少,且多为长链、难生物降解的有机物,造成水平流人工湿地可利用的碳源不足且品质低,最后削弱了水平流人工湿地的反硝化能力,出水 TN 偏高;另一方面,垂直流人工湿地的硝化作用也是组合湿地脱氮的限制性因素,虽然通过碳源投加的方式可以提高硝化效果,但是会造成运行成本的大大提高。此外,通过增加植物种植密度、中间曝气等方式有助于改变垂直流人工湿地中氧的含量,但仍不能很好地提高硝化速率。

综上,在构建垂直流-水平流组合人工湿地工艺时,可通过优选滤料(级配均匀、渗透性好、比表面积大)和优化水力负荷、布水频率等方式,为专性降解菌的富集和强化提供条件,进而提升垂直流-水平流组合人工湿地的处理效能。

1.4.2 微生物作用机理研究缺乏

当前,虽然已有关于人工湿地微生物群落的研究报道[123-124],但现有研究仍存在以下不足。

(1) 对微生物解析的技术手段相对单一。定量 PCR 技术可以绝对定量某些特定的基因,但无法全面揭示微生物群落信息;而 DGGE 和 Miseq 可分析各类微生物丰度,表征群落结构。因此,只有综合运用多种微生物解析技术手段,才能全面揭示群落信息。

(2) 在人工湿地系统中,微生物与污染物时空削减的相关性分析尚不明确。虽然对某些参数与微生物群落的相关性已有研究报道,但对人工湿地系统微生物的时空分布(尤其硝化菌、反硝化菌等的分布)及其影响机理尚缺乏系统深入的研究。因而难以有效指导人工湿地工程设计及应用。

1.4.3 水力学特性研究不足

在垂直流-水平流组合人工湿地设计中,水力学非常关键。以往的研究采用示踪剂预测水流规律性,缺乏对实际滤料的比表面积、渗透性、级配等因素的考察。Hydrus 2D软件只能对水力负荷和水流速度条件定性二维研究,未对三维条件下的水力学特性进行研究。上述研究的局限性在于无法直观、准确地揭示人工湿地水力学特性的时空分布,难以从中获得对工艺设计和运行的有效指导。迄今,许多人工湿地工艺仅凭经验设计。

1.5 研究的目的、意义与内容

1.5.1 研究目的及意义

工业园区污水厂所排放的尾水水质与受纳敏感水体Ⅳ类水质之间仍然存在巨大差距,已成为敏感受纳水体的主要污染来源,因此亟待深度处理[6]。工业园区污水厂尾水具有水质水量变化大、难降解有机物浓度高、C/N 比低等特点,对深度处理工艺提出了挑战[20-22]。常规的物化处理技术和生物处理技术存在投资和运行成本高、二次污染等问题,而生态修复技术具有建设和运行成本低、生态环境好和无二次污染的优点。其中,人工湿地技术具有投资少,处理成本低,氮、磷去除效率高和无二次污染等优点,是目前研究的热点之一[29]。

工业园区污水厂尾水水质决定了单一的人工湿地处理工艺难以满足深度处理的需求,因此,必须寻求有效的人工湿地组合工艺。已有文献表明,垂直流人工湿地可通过垂直流大气复氧实现好氧微生物的富集,从而实现对有机污染物的好氧降解以及 NH_4^+—N 的硝化[28],并能在一定程度上提高 B/C 比,为后续工艺提供良好条件；而水平流人工湿地通过创造缺氧条件，可实现有效的反硝化作用，并对有机污染物进行深度降解[115]。

1.5.2 研究内容

本书基于工业园区污水厂尾水深度处理的客观需求和发展现状，围绕其水质水量变化大、难降解有机物浓度高、C/N 值低等水质特性，在充分调研污水厂尾水深度处理工艺的基础上，以中试条件下的工业园区污水厂尾水为研究对象，构建了以垂直流-水平流组合人工湿地为核心的生态技术，重点考察了不同水力负荷和季节条件下组合人工湿地对污水厂尾水的去除特性，对上述因素影响处理效能进行了主成分分析，明晰其作用规律。在此基础上，本书综合运用多种分子生物学技术，解析组合人工湿地深度处理工业园区污水厂尾水的功能微生物及其分布规律，探讨功能微生物与污染物去除效能的相互关系，揭示工艺启动及运行阶段污染物沿程降解机制；运用 Hydrus 3D 软件，探讨滤料主要水力学参数（级配、渗透系数、比表面积）对水流规律和水力效率的影响，揭示水力负荷、布水频率对人工湿地系统净化效果的影响规律。最后，将构建的垂直流-水平流组合人工湿地及其优化设计和调试方法应用于常熟新材料产业园生态湿地中心工程，验证其技术和经济可行性，为园区尾水深度处理提供理论依据和技术支撑。

论文的主要研究内容有以下四方面。

(1) 垂直流-水平流组合人工湿地的构建及其运行特性

以工业园区污水厂尾水为研究对象，构建垂直流-水平流组合人工湿地并实现快速、稳定启动，重点考察不同水力负荷、不同季节等关键因素对垂直流-水平流组合人工湿地运行特性的影响，对上述因素影响处理效能进行了主成分分析，明晰其作用规律。

(2) 垂直流-水平流组合人工湿地微生物群落结构解析

在第一阶段试验基础上，综合运用 PCR-DGGE 和 Miseq 高通量测序技术，以及定量 PCR 技术，从功能基因和微生物群落结构两个层面对垂直流-水平流组合人工湿地微生物进行解析，揭示功能微生物时空分布规律，探讨功能微生物与污染物去除效能的相互关系，揭示工艺启动及运行阶段污染物沿程降解机制。

(3) 人工湿地水力学特性优化研究

运用 Hydrus 3D 软件,通过合理选取水力学特性参数,探讨滤料主要水力学参数(级配、渗透系数、比表面积)对水流规律和水力效率的影响,提出水力学有效体积计算方法,揭示水力负荷、布水频率对人工湿地系统净化效果的影响规律,以期优化第一阶段组合人工湿地的运行特性。

(4) 垂直流-水平流组合人工湿地工程应用研究

在前述中试研究基础上,将构建的垂直流-水平流组合人工湿地及其优化设计和调试方法应用于常熟新材料产业园生态湿地中心工程,验证其技术和经济可行性,为工业园区尾水深度处理提供理论依据和技术支撑。

1.5.3 技术路线

以工业园区污水厂尾水为研究对象,在现场中试试验条件下,设计构建垂直流-水平流组合人工湿地,考察其深度处理工业园区污水厂尾水的运行特性,重点研究了水力负荷和季节两大关键因素的影响,获得最佳运行工艺参数;在此基础上,系统研究垂直流-水平流组合人工湿地微生物群落结构,探讨功能基因与污染物去除效能的相互关系,揭示垂直流-水平流组合人工湿地微生物的作用机理。进一步地,对人工湿地水力学特性进行了研究,综合分析滤料水力学参数(滤料级配、渗透性能和比表面积)、布水强度和布水频率的影响,并提出水力学有效体积计算方法,组合人工湿地工艺优化设计和工程调试方法。最后,根据前二、三、四章所取得的工艺设计参数、微生物群落研究和水力学优化结果,将构建的垂直流-水平流组合人工湿地及其优化设计和调试方法应用于常熟新材料产业园生态湿地工程,验证其技术和经济可行性,为园区尾水深度处理提供理论依据和技术支撑。本书的技术路线见图 1-3。

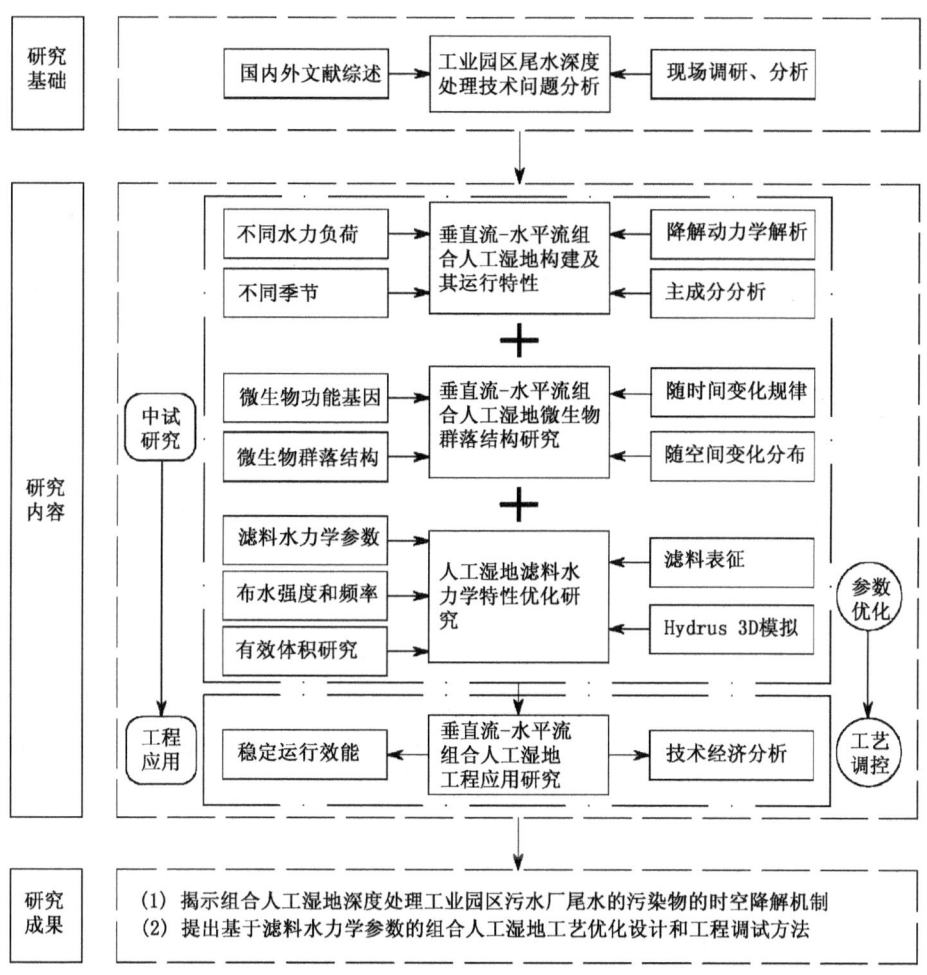

图 1-3　本书采用的整体研究方案及技术路线

第二章
污水处理厂尾水特征解析

2.1 引言

太湖流域是中国经济社会最发达和经济发展最快的地区之一,以不到全国3%的面积,创造了占全国12%的国内生产总值,部分地区已经在全国率先达到小康水平。经过近20年的高速发展,该地区人口及工业高度聚集,污染排放量迅速增加,与此相对应的是太湖地区人均水资源占有量只有全国的1/5,属于资源性缺水地区。

根据2014年江苏省环境状况公报,太湖湖体高锰酸盐指数和氨氮年均浓度均达到Ⅱ类标准,总磷年均浓度符合Ⅳ类标准,总氮年均浓度为1.96 mg/L,达到Ⅴ类标准。与2013年相比,各项主要污染物浓度均有不同程度降低,总氮和总磷年均浓度分别下降了8.8%和14.3%,高锰酸盐指数和氨氮年均浓度分别下降了2.5%和27.3%。湖体综合营养状态指数为55.8,同比降低1.8,总体处于轻度富营养状态。江苏省太湖流域主要水污染物排放情况见表2-1。

表2-1 江苏省太湖流域主要水污染物排放情况(2011年)

分类	COD 排放量/万t	COD 比重/%	NH$_3$—N 排放量/万t	NH$_3$—N 比重/%	TN 排放量/万t	TN 比重/%	TP 排放量/t	TP 比重/%
工业污水	6.39	36.58	0.42	32.8	1.10	25.29	457.53	13.43
城镇生活污水	6.44	36.86	0.36	28.1	1.18	27.12	397.34	11.67

续表

分类	COD 排放量/万t	比重/%	NH₃—N 排放量/万t	比重/%	TN 排放量/万t	比重/%	TP 排放量/t	比重/%
农业面源污染	4.64	26.56	0.50	39.1	2.07	47.59	2 551.77	74.90
小计	17.47	—	1.28	—	4.35	—	3 406.64	—

由表 2-1 可知,工业和城镇生活污水氮磷污染物排放量对太湖流域污染的影响较大,其中氨氮约占全流域的 60.9%,总氮约占 52.41%,总磷约占 25.1%。工业和城镇生活污水主要通过流域内污水处理厂治理,因此,污水处理厂的处理效果将极大地影响太湖水环境质量。目前太湖流域污水处理厂出水基本达到《太湖地区城镇污水处理厂及重点工业行业主要水污染物排放限值》(DB 32/1072—2007)要求,但与《地表水环境质量标准》(GB 3838—2002)仍有一定差距。

表 2-2　DB 32/1072—2007 与 GB 3838—2002 中主要水污染物标准比较　单位:mg/L

标准	COD	NH₃—N	TN	TP
DB 32/1072—2007	50	5	15	0.5
GB 3838—2002 Ⅴ类水	40	2.0	2.0	0.4
GB 3838—2002 Ⅳ类水	30	1.5	1.5	0.3

2.2　太湖流域城镇污水厂类型、分布情况

截至 2011 年底,江苏省环太湖流域的苏州市、无锡市和常州市已建成污水处理厂 242 座,日处理能力 636.7 万 t,累计投资 1 712 051.8 万元。太湖流域三市污水处理厂基本分布情况见表 2-3。

表 2-3　太湖流域污水处理厂基本情况表

行政区	污水处理厂数目/座	污水处理规模/(万t/d)	总投资/万元
常州	43	101.9	369 258.1
无锡	76	220.3	501 762.6
苏州	123	314.5	841 031.1
合计	242	636.7	1 712 051.8

污水处理厂按规模不同大体上可分为大型、中型和小型污水处理厂。规模>10万 m³/d 的为大型污水处理厂,一般建在地级市所在地,基建投资以亿元计,年运营费用以千万元计,如苏州市的第一污水处理厂和第二污水处理厂,无锡市的芦村污水处理厂和城北污水处理厂,常州市的江边污水处理厂和城北污水处理厂。中型污水处理厂规模为1万~10万 m³/d,一般建于中、小城市和大城市的郊县,基建投资几千万至上亿元,年运营费用几百万到上千万元,如苏州高新区污水处理厂、常州市武进城区污水处理厂和无锡惠山污水处理厂等。规模<1万 m³/d 的为小型污水处理厂,一般建于建制镇,基建投资几百万到上千万元,年运营费用几十万到上百万元,如昆山市周庄污水处理厂、江阴市双阳污水处理厂和常州市武进区湟里污水处理厂等。

目前,太湖流域污水处理厂日处理能力20万~50万 m³/d 的共计5座,处理规模最大的为无锡市的芦村污水处理厂,建于1988年,投产于1992年,并于2008年提标改造完成,服务人口69万人,处理能力为30万 m³/d,主体工艺为 A^2/O 工艺。日处理能力10万~20万 m³/d 的共计7座,如苏州市福星污水处理厂,2002年一、二期正式投产,年处理规模为18万 m³/d,服务人口25万人,主体工艺为 UNITANK 工艺。日处理能力5万~10万 m³/d 和2万~5万 m³/d 的污水处理厂各有21和36座,这种规模的污水处理厂一般处理工业废水的比重较大。日处理能力小于2万 m³/d 的污水处理厂共有143家,其中日处理能力在0.5万~2万 m³/d 的污水处理厂有110家,主要分布在建制镇及城市郊区,太湖流域不同规模污水处理厂分布见图2-1。

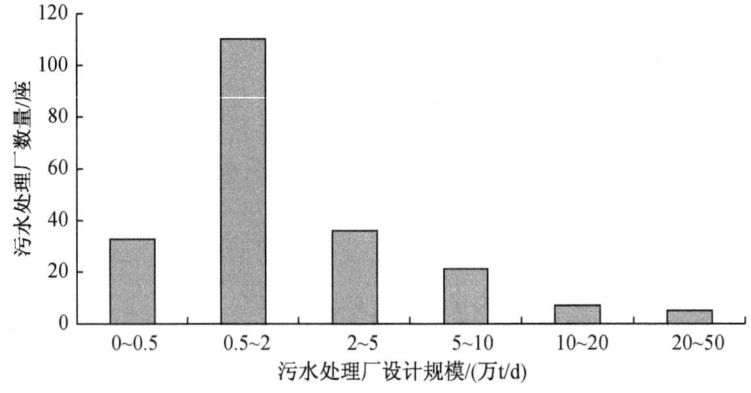

图 2-1 太湖流域污水处理厂规模分布

2.3 太湖流域污水处理厂尾水处理典型工程现状调研

随着太湖流域水污染防治工作的推进,污水处理厂尾水受到越来越多的关注,尤其是影响区域水环境的主要指标总氮、氨氮、总磷。常州、无锡、苏州已经开始探索并建立了多项尾水生态净化工程,据统计,截至2012年底,我省太湖流域242座污水处理厂中,共有13座污水处理厂建有人工湿地(表2-4),尾水生态净化实际处理规模8.38万 t/d(表2-5),约占太湖流域污水处理厂总规模的1.28%。

全部尾水通过人工湿地进一步净化处理的污水处理厂有:常州市武进区武南污水处理厂(4万 m^3/d)、武进区漕桥污水处理厂(1万 m^3/d),苏州太湖国家旅游度假区长沙岛生化尾水组合湿地净化工程(0.08万 m^3/d),溧阳市上黄、别桥、竹箦、戴埠共计7座建制镇污水处理厂(0.4万 m^3/d);其余6座污水处理厂仅有部分或少量尾水通过人工湿地净化处理。

表2-4 太湖流域建有人工湿地的污水处理厂

序号	地区	城市	厂名	污水处理厂规模/(万 m^3/d)
1	无锡	无锡市	无锡市新区梅村水处理厂	9
2		无锡市	无锡市城北污水处理厂	22
3	常州	常州市	江苏大禹水务股份有限公司(常州市武进区武南污水处理厂)	4
4			武进区漕桥污水处理厂	1
5		溧阳市	上黄、别桥、竹箦、戴埠、社渚镇5座建制镇污水处理厂	0.4
6	苏州	苏州市	苏州工业园区清源华衍水务有限公司第二污水处理厂	15
7		张家港	张家港第二污水处理厂	7
8		苏州市	苏州太湖国家旅游度假区长沙岛生化尾水组合湿地净化工程	0.08
9		常熟市	常熟新材料产业园污水处理厂湿地中心	1.0
			合计	59.48

表2-5 太湖流域典型污水处理厂尾水生态净化工程调研基本情况

序号	污水处理厂名称	污水处理情况	污水处理厂类型	尾水主要问题	处理规模/(万m³/d)	设计进水、出水水质情况	生态净化主体工艺	占地/m²	投资/万元	运行成本/(元/t)	尾水受纳水体
1	苏州太湖国家旅游度假区长沙岛生化尾水组合湿地净化工程	设计总规模0.08万t/d,主体采用A²/O工艺	污水处理厂I	运行不稳定,进一步去除氮、磷	0.08	进水一级B、出水一级A	垂直流湿地＋水平潜流湿地	2 000	230.4	0.1	太湖
2	常州市武进区武南污水处理厂尾水生态净化工程	设计总规模4.0万t/d,主体采用Carrousel2000氧化沟工艺	污水处理厂II	进一步去除氮、磷	4.0	进水一级B、出水一级A	生态沟渠＋生态塘	6 600	1 000	0.1	武南运河
3	无锡市城北污水处理厂尾水生态净化工程	设计总规模20.0万t/d,主体采用氧化沟工艺	污水处理厂II	进一步去除氮、磷	0.2	进水一级B、出水一级A	表流湿地＋潜流湿地＋生态塘	4 545	125.66	0.06	北兴塘河
4	常熟新材料产业园生态湿地污水处理中心	设计总规模1.0万t/d,主体采用混凝沉淀厌氧水解＋A²/O工艺	污水处理厂III	以化工废水为主,进一步去除氮、磷	0.4	进水一级A、出水IV类	垂直流湿地＋生态塘＋表面流湿地＋饱和垂直流湿地	59 000	4 000	0.1	园区工业水厂
5	无锡市新区梅村水处理厂	设计总规模11万t/d,一期:A²/O-SBRE,二期:MBR,三期:MBR	污水处理厂I	进一步去除氮、磷	0.1	进水一级A、出水IV类	生态沟渠＋生态塘	7 600	1 220	0.12	庙塌港

续表

序号	污水处理厂名称	污水处理厂情况	污水处理厂类型	尾水主要问题	处理规模/(万m³/d)	设计进水、出水水质情况	生态净化主体工艺	占地/m²	投资/万元	运行成本/(元/t)	尾水受纳水体
6	无锡市城北污水处理厂	设计总规模22万t/d,工艺为氧化沟、MBR	污水处理厂Ⅰ	进一步去除氮、磷	0.2	进水一级A、出水Ⅳ类	生态塘+表面流湿地	4 545	700	0.1	北兴塘河
7	武进区漕桥污水处理厂	设计总规模1万t/d,工艺为A²/O	污水处理厂Ⅰ	进一步去除氮、磷	1	进水一级A、出水Ⅳ类	生态沟渠+生态塘	6 000	800	0.05	太滆运河
8	苏州工业园区清源华衍水务有限公司第二污水处理厂	设计总规模15万t/d,工艺为A²/O	污水处理厂Ⅱ	进一步去除氮、磷	0.5	进水一级A、出水Ⅳ类	潜流人工湿地	28 800	1 700	0.1	吴淞江
9	张家港第二污水处理厂	设计总规模7万t/d,工艺为DE型氧化沟+反硝化连续砂过滤	污水处理厂Ⅰ	进一步去除氮、磷	1.5	进水一级A、出水Ⅳ类	潜流湿地+生态塘	50 000	3 500	0.13	西二环河
10	溧阳市上黄、别桥、竹箦、戴埠、社渚镇5座建制镇污水处理厂	设计总规模0.4万t/d,工艺为A²/O	污水处理厂Ⅰ	进一步去除氮、磷	0.4	进水一级B、出水一级A	表面流湿地+生态塘	4 000	300	0.05	上黄河、丹金溧槽河、竹箦河、溧戴河、社渚河
	合计				8.38						

根据表 2-5，课题组对其中比较有代表性的工程——苏州太湖国家旅游度假区长沙岛生化尾水组合湿地净化工程、常州市武进区武南污水处理厂尾水生态净化工程、无锡市城北污水处理厂尾水生态净化工程、常熟新材料产业园污水处理厂生态湿地中心工程（以下简称常熟新材料产业园生态湿地中心工程）等进行深入研究，工程位置见图 2-2。

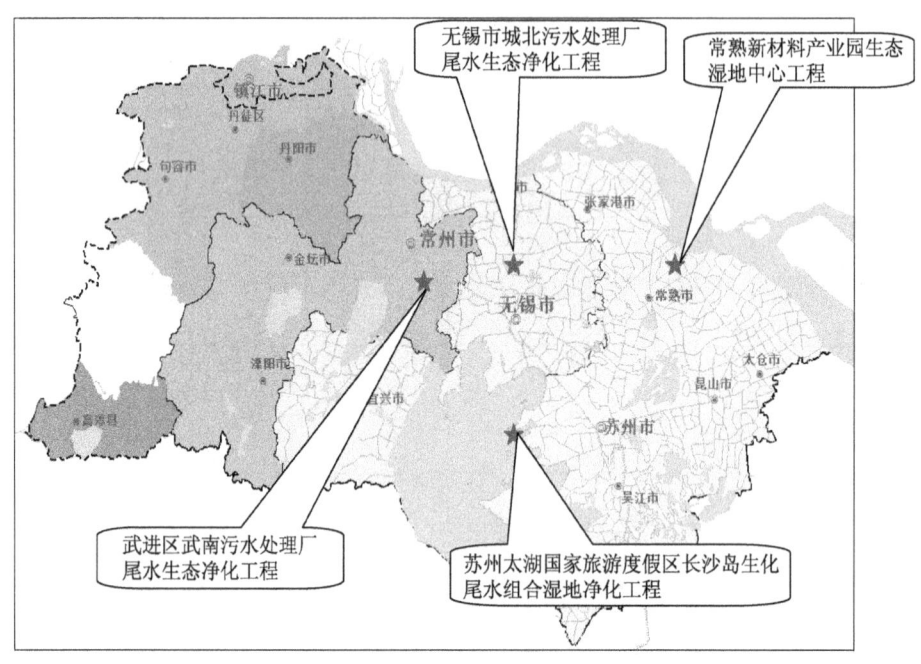

图 2-2　太湖流域典型污水处理厂尾水生态净化工程调研分布图

2.3.1　苏州太湖国家旅游度假区长沙岛生化尾水组合湿地净化工程

1. 污水处理厂尾水生态净化工程概况

苏州太湖国家旅游度假区长沙岛位于太湖东南水域，是一个四面环水的湖心岛。长沙岛污水处理厂设计总规模 0.08 万 t/d，主体采用 A^2/O 工艺。尾水组合湿地采用"垂直流湿地＋潜流湿地"的主体工艺，整个尾水组合湿地净化工程占地约 2 000 m²，投资约 230.4 万元，尾水处理成本约 0.1 元/t。设计采用的进水水质为《城镇污水处理厂主要水污染物排放标准》一级 B 标准，出水水质为

《城镇污水处理厂主要水污染物排放标准》一级A标准。

2. 处理水量、水质情况

设计处理规模：0.08万 m^3/d，实际处理规模：0.05万 m^3/d（不规律）。

进水COD、氨氮、总氮、总磷浓度都能达到一级B标准，出水水质优于《城镇污水处理厂主要水污染物排放标准》一级A标准。进水、出水水质指标见表2-6。

表2-6 苏州太湖国家旅游度假区长沙岛生化尾水生态净化工程设计进水、出水水质

单位：mg/L

项目	COD	总氮	氨氮	总磷
进水水质指标	60	20	8(15)	1.0
出水水质指标	50	15	5(8)	0.5

3. 工艺流程说明及设计参数

工艺流程："垂直流湿地＋水平潜流湿地"，见图2-3。尾水通过泵直接进入垂直流湿地，经过垂直流湿地的净化处理后再流进潜流湿地，最后经出水渠由入河口排放，详见图2-4。

污水厂尾水 → 垂直流人工湿地 → 水平潜流人工湿地 → 达标排放

图2-3 苏州太湖国家旅游度假区长沙岛生化尾水生态净化工程工艺流程图

设计参数：水力负荷 0.5 $m^3/(m^2 \cdot d)$。

水力停留时间 HRT＝2 d。

(a) 长沙岛生化尾水生态净化工程

(b) 长沙岛污水处理厂工程 　　　　　　　(c) 工程进水口

(d) 垂直流湿地　　　　　　　　　　　(e) 水平潜流湿地

(f) 出水口　　　　　　　　　　　　(g) 工程植物情况

图 2-4　苏州太湖国家旅游度假区长沙岛生化尾水生态净化工程现状情况

4. 运行状况评价

（1）运行基本情况

污水处理厂尾水全部进入组合湿地净化工程进行进一步处理，由于污水处理

厂处于旅游度假区,主要负责收集处理旅游度假区的污水,所以污水的总量具有很明显的季节性的波动,而且波动幅度大,所以该厂的组合湿地净化工程采用每 4 h 的间歇水泵抽吸间歇进水的运行方式,处理效果基本稳定,运行效果基本良好。

(2) 运行评价

经过调研,我们观察到垂直流湿地以及水平潜流湿地表面至深 30～40 cm 的泥样含水率极低,导致表面水生植物稀疏,植物覆盖率很低,这可能是由于间歇进水的运行方式导致进水量波动大且长期进水量不足,不利于该人工湿地保持长期稳定运行所造成的。由于调研时间为冬季,水量较小,未有采集到水样。

2.3.2　常州市武进区武南污水处理厂尾水生态净化工程

1. 污水处理厂尾水生态净化工程概况

常州市武进区武南污水处理厂尾水生态净化工程位于武进区武南路南夏城路东侧。常州市武进区武南污水处理厂一期设计总规模 4.0 万 t/d,主体采用 Carrousel2000 氧化沟工艺。尾水生态净化的主体工艺为"生态沟渠＋生态塘",全长 1.2 km,占地 42 亩[①],投资约 1 000 万元,运行成本为 0.1 元/t。设计采用的进水水质为《城镇污水处理厂污染物排放标准》一级 B 标准,出水水质为《城镇污水处理厂主要水污染物排放标准》一级 A 标准。

2. 处理水量、水质情况

设计处理规模:4 万 m³/d,实际处理规模:4 万 m³/d。

进水 COD 浓度为 50 mg/L 左右,出水 COD 20 mg/L 左右;进水总氮、总磷都能达到一级 A 标准,出水总氮、总磷低于一级 A 标准。

3. 工艺流程说明及设计参数

工艺流程:"生态沟渠＋生态塘",见图 2-5。污水处理厂尾水先进入一段生态沟渠,然后进入最后一段生态塘,全长大约 1.2 km,占地面积为 42 亩,生态沟渠和生态塘的平均水深为 1.5～1.8 m。冬季运行情况见图 2-6。夏季运行情况见图 2-7。

---

① 1 亩＝$\frac{1}{15}$公顷(hm²)。

设计参数:水力负荷 1.0 m³/(m²·d)。水力停留时间 HRT=1.5 d。

武南污水厂尾水 → 生态沟渠 → 生态稳定塘 → 达标排放

图 2-5 常州市武进区武南污水处理厂尾水生态净化工程工艺流程图

(a) 武南污水处理厂工程

(b) 工程进水口

(c) 生态沟渠

(d) 生态塘

(e) 工程出水口

(f) 菖蒲水生植物群落

第二章 污水处理厂尾水特征解析

(g) 睡莲水生植物群落

(h) 水生植物芦苇群落

图 2-6 武南污水处理厂冬季运行情况

(a) 工程进水口

(b) 生态沟渠

(c) 生态塘

(d) 工程出水口

(e) 菖蒲水生植物群落　　　　　　(f) 睡莲水生植物群落

(g) 水生植物芦苇群落

图 2-7　武南污水处理厂夏季运行情况

4. 运行状况评价

① 运行基本情况

污水处理厂全部的 4 万 t/d 的尾水都经过尾水生态净化工程进一步处理，经过生态水生植物等进一步净化，处理效果稳定，出水 COD、氨氮、总氮、总磷基本都能稳定达到一级 A 标准。

② 运行评价

调研中我们发现，有些湿地周围水生植物并不是很多，随即提出如果进一步在临近岸边 1～1.5 m 处多种植些水生植物，可以进一步强化植物净化污水、截留污染物的能力，使处理效果更加稳定达标。

2.3.3　无锡市城北污水处理厂尾水生态净化工程

1. 污水处理厂尾水生态净化工程概况

无锡市城北污水处理厂尾水生态净化工程位于广瑞路 2388 号，厂区占地

241.2亩,远期建设规模25万t/d,分五期建设。目前已建成一、二、三、四期工程,共20万t/d,主要收集无锡市区水系上游山北、周山浜、西漳等片区共83.8 km²的生活污水及部分工业废水,服务人口66万人。城北厂一、二、三期工程均采用以奥贝尔(Orbal)氧化沟为主体的A^2/O除磷脱氮工艺,在升级改造工程中增设了碳源投加系统、同步化学除磷设施和转盘过滤装置,尾水达到《城镇污水处理厂主要水污染物排放标准》中的一级A标准。

尾水生态净化的主体工艺为"表流湿地+潜流湿地+生态塘",占地4 545 m²,总投资为125.66万元,运行成本为0.06元/t。设计采用的进水水质为《城镇污水处理厂主要水污染物排放标准》一级B标准,出水水质为《城镇污水处理厂主要水污染物排放标准》一级A标准。

2. 处理水量、水质情况

设计处理规模:0.2万 m³/d,实际处理规模:0.2万 m³/d。

进水COD、氨氮、总氮、总磷浓度都能达到一级A标准,出水水质优于《城镇污水处理厂主要水污染物排放标准》一级A标准。进水、出水水质指标见表2-7。

表2-7 无锡市城北防水处理厂尾水生态净化工程设计进水、出水水质

单位:mg/L

项目	COD	总氮	氨氮	总磷
进水水质指标	60	20	8(15)	1.0
出水水质指标	50	15	5(8)	0.5

3. 工艺流程说明及设计参数

工艺流程:经过二级生化处理的尾水作为原水,最后经过生物强化氧化,三级表流,二级潜流和生物氧化塘处理(见图2-8),其中氧化塘约2 m深,表流泥深20 cm,潜流泥深15~20 cm。湿地生机盎然,有小桥、亭台,水生植物有鸢尾、睡莲、芦苇等,动物有泥鳅、小虾、鱼等。具体情况见图2-9,冬季运行情况见图2-10,夏季运行情况见图2-11。

设计参数:水力负荷0.5 m³/(m²·d)。

水力停留时间HRT=2.0 d。

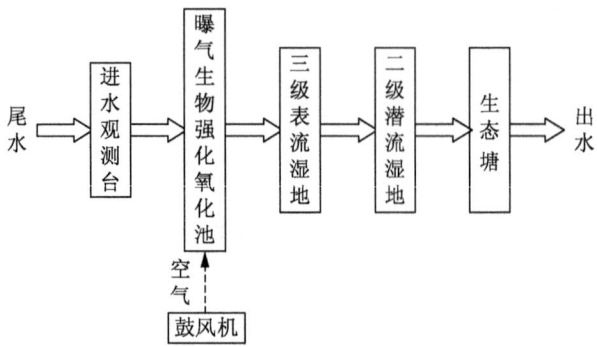

图 2-8　无锡市城北污水处理厂尾水生态净化工程工艺流程图

图 2-9　无锡市城北污水处理厂工程

（a）工程进水口

（b）好氧生态塘

（c）工程表流湿地

（d）工程潜流湿地

第二章 污水处理厂尾水特征解析

(e) 工程生态塘 　　　　　　　　　　(f) 工程睡莲群落

(g) 美人蕉群落 　　　　　　　　　　(h) 工程再力花群落

图 2-10　无锡市城北污水处理厂冬季运行情况

(a) 工程进水口　　　　　　　　　　(b) 好氧生态塘

37

(c) 工程表流湿地　　　　　　　(d) 工程潜流湿地

(e) 工程生态塘　　　　　　　　(f) 菖蒲群落

图 2-11　无锡市城北污水处理厂夏季运行情况

4. 运行状况评价

① 运行基本情况

污水处理厂尾水生态处理工程设计处理水量为 4 万 t/d，实际处理的尾水为 2 000t/d。湿地实现了有机物的降解以及氮磷的转化和氧化，出水水质优于《城镇污水处理厂主要水污染物排放标准》一级 A 标准。

② 运行评价

经过调研，我们观察到湿地生机盎然，有小桥、亭台，鸢尾、睡莲、芦苇等各种水生植物，泥鳅、龙虾、鱼等动物。据水厂工作人员说，到了夏天，湿地鱼类繁多，有千尾之多，鱼虾游弋，植被绿悠，一片生机。湿地实现了有机物的降解以及氮磷的转化和氧化，出水水质优于《城镇污水处理厂主要水污染物排放标准》一级 A 标准。

2.3.4 常熟新材料产业园生态湿地中心工程

1. 污水处理厂尾水生态净化工程概况

常熟新材料产业园生态湿地中心工程位于常熟新材料产业园内,设计规模1万 m³/d,主要处理园区内化工废水(氟化学、精细化学)、啤酒废水和少量生活污水,其中工业废水比例大于90%,采用"调节池+混凝沉淀+厌氧池+初沉池+缺氧、好氧池+二沉池+过滤"组合工艺,出水稳定达到《太湖地区城镇污水处理厂及重点工业行业主要水污染物排放限值》(DB 32/1072—2008)要求和《城镇污水处理厂主要水污染物排放标准》一级A标准。

湿地中心主要采用"调节池+垂直流人工湿地—氧化塘—表面流人工湿地—水平流人工湿地"组合工艺,以常熟新材料产业园污水处理厂尾水为处理对象,一期建设规模为0.4万 m³/d,出水主要水质指标符合《地表水环境质量标准》(GB 3838—2002)中Ⅳ类标准。总投资4 500万元左右,占地59 000 m²,运行费用仅为0.10~0.20元/t 废水,出水直接回用至工业水厂,预计每年可节约水资源146万 t。

2. 处理水量、水质情况

设计处理规模:0.40万 m³/d,实际处理规模:0.30万 m³/d。

进水主要水质指标为《城镇污水处理厂主要水污染物排放标准》一级A标准,出水质量为《地表水环境质量标准》Ⅳ类。进水、出水水质指标见表2-8。

表2-8 常熟市新材料产业园污水处理厂湿地中心工程设计进水、出水水质

单位:mg/L

项目	COD	氨氮	总磷
进水水质指标	50	5(8)	0.5
出水水质指标	30	1.5	0.3

3. 工艺流程说明及设计参数

工艺流程:调节池+垂直流人工湿地—氧化塘—表面流人工湿地—水平流人工湿地见图2-12。尾水通过泵直接进入垂直流湿地,经过垂直流湿地的净化处理后再流进氧化塘—表流湿地,然后再进入水平垂直流进行反硝化,最后经过出水渠进入工业水厂。各工艺单元详见图2-13至图2-14。

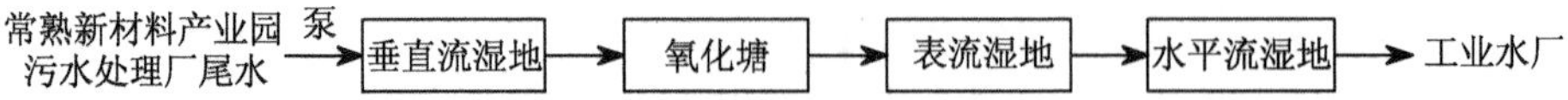

常熟新材料产业园污水处理厂尾水 → 泵 → 垂直流湿地 → 氧化塘 → 表流湿地 → 水平流湿地 → 工业水厂

图 2-12　常熟新材料产业园生态湿地中心工程工艺流程图

（a）垂直流湿地工程现场

（b）工程生态塘

（c）工程表流湿地

（d）工程水平垂直流

图 2-13　常熟市新材料产业园生态湿地中心工程冬季运行情况

（a）工程垂直流湿地

（b）工程生态塘

第二章 污水处理厂尾水特征解析

(c) 工程表流湿地

(d) 工程水平垂直流

图 2-14 常熟市新材料产业园生态湿地中心工程夏季运行情况

2.4 太湖流域污水处理厂尾水处理全流程污染物解析

2.4.1 苏州太湖国家旅游度假区长沙岛生化尾水组合湿地净化工程

由于调研时间为冬季,水量较小,未采集到水样。

2.4.2 常州市武进区武南污水处理厂尾水生态净化工程

1. 常州市武进区武南污水处理厂尾水生态净化工程全流程采样情况

课题组对常州市武进区武南污水处理厂尾水生态净化工程进行全流程采样,共设置5个采样点,分别为进水口、生态渠1#、生态渠2#、生态塘、出水口,详见图 2-15。

(a) 工程进水口取样处

(b) 工程生态渠1#取样处

（c）工程生态渠 2#取样处　　　　　　　（d）工程生态塘取样处

（e）工程出水口取样处

图 2-15　常州市武进区武南污水处理厂尾水生态净化工程采样点位

2. 常州市武进区武南污水处理厂尾水生态净化工程全流程试验结果

武南污水处理厂尾水生态净化工程冬季运行情况见表 2-9 和图 2-16。

由表 2-9 和图 2-16 可知，冬季武南污水处理厂尾水生态净化工程 COD 进水浓度 23.0 mg/L，出水浓度 16.7 mg/L，总去除率 27.4%；氨氮进水浓度 2.55 mg/L，出水浓度 2.14 mg/L，总去除率 16.1%；总氮进水浓度 14.37 mg/L，出水浓度 12.78 mg/L，总去除率 11.1%；总磷进水浓度 0.67 mg/L，出水浓度 0.45 mg/L，总去除率 32.8%。COD、氨氮、总磷的去除主要在生态沟渠内完成，总氮主要在生态塘内去除，总体出水水质优于一级 A。

第二章　污水处理厂尾水特征解析

表2-9　常州市武进区武南污水处理厂尾水生态净化工程水质监测结果（冬季）

指标 位置	COD 进水浓度/(mg/L)	COD 出水浓度/(mg/L)	COD 去除率/%	氨氮 进水浓度/(mg/L)	氨氮 出水浓度/(mg/L)	氨氮 去除率/%	总氮 进水浓度/(mg/L)	总氮 出水浓度/(mg/L)	总氮 去除率/%	总磷 进水浓度/(mg/L)	总磷 出水浓度/(mg/L)	总磷 去除率/%
进水口		23.0	—		2.55	—		14.37	—		0.67	—
生态渠1#	23	22	4.3	2.55	2.29	10.2	14.37	14.3	0.5	0.67	0.52	22.3
生态渠2#	22	18	18.2	2.29	2.16	5.7	14.3	13.72	4.0	0.52	0.48	7.7
生态塘	18	16.7	7.2	2.16	2.14	0.9	13.72	12.78	6.8	0.48	0.45	6.25
出水口	16.7		27.4	2.14		16.1	12.78		11.1	0.45		32.8
一级A		50			5			15			0.5	

43

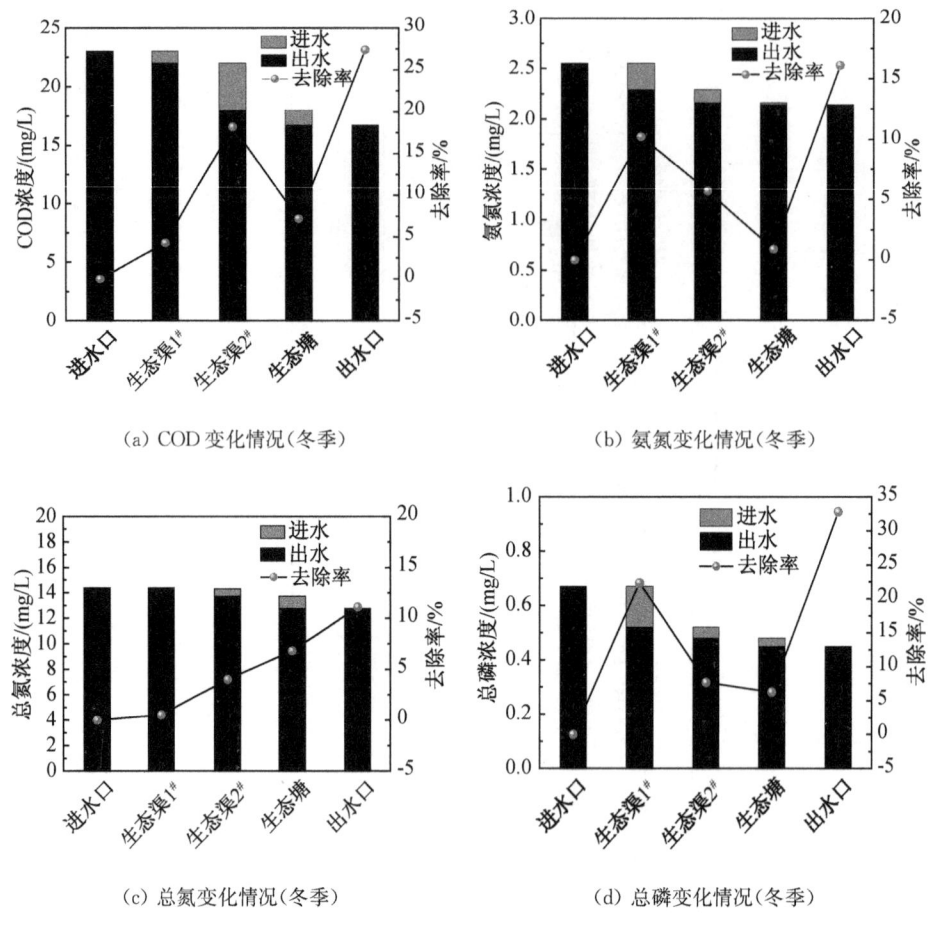

(a) COD变化情况(冬季)　　(b) 氨氮变化情况(冬季)

(c) 总氮变化情况(冬季)　　(d) 总磷变化情况(冬季)

图 2-16　武南污水处理厂尾水生态净化工程运行情况(冬季)

常州市武进区武南污水处理厂尾水生态净化工程夏季运行情况见表 2-10 和图 2-17。

由表 2-10 和图 2-17 可知,夏季武进区武南污水处理厂尾水生态净化工程 COD 进水浓度 30.7 mg/L,出水浓度 18.7 mg/L,总去除率 39.1%；氨氮进水浓度 2.50 mg/L,出水浓度 1.97 mg/L,总去除率 21.2%；总氮进水浓度 6.40 mg/L,出水浓度 4.40 mg/L,总去除率 31.2%；总磷进水浓度 0.60 mg/L,出水浓度 0.38 mg/L,总去除率 36.6%。COD、氨氮的去除主要在生态沟渠内完成,总氮主要在生态塘内去除,生态沟渠和生态塘对总磷均有明显的去除效果。总体出水水质优于一级 A。

表2-10 常州市武进区武南污水处理厂尾水生态净化工程水质监测结果（夏季）

指标位置	COD 进水浓度/(mg/L)	COD 出水浓度/(mg/L)	COD 去除率/%	氨氮 进水浓度/(mg/L)	氨氮 出水浓度/(mg/L)	氨氮 去除率/%	总氮 进水浓度/(mg/L)	总氮 出水浓度/(mg/L)	总氮 去除率/%	总磷 进水浓度/(mg/L)	总磷 出水浓度/(mg/L)	总磷 去除率/%
进水口		30.7	—		2.50	—		6.40	—		0.60	—
生态渠1#	30.7	26.7	13.0	2.50	2.37	5.2	6.40	5.90	7.8	0.60	0.48	20.0
生态渠2#	26.7	21.3	20.2	2.37	2.11	10.9	5.90	5.22	11.5	0.48	0.47	2.08
生态塘	21.3	18.7	12.2	2.11	1.97	6.6	5.22	4.4	15.7	0.47	0.38	19.1
出水口		18.7	39.1		1.97	21.2		4.40	31.2		0.38	36.6
一级A		50			5			15			0.5	

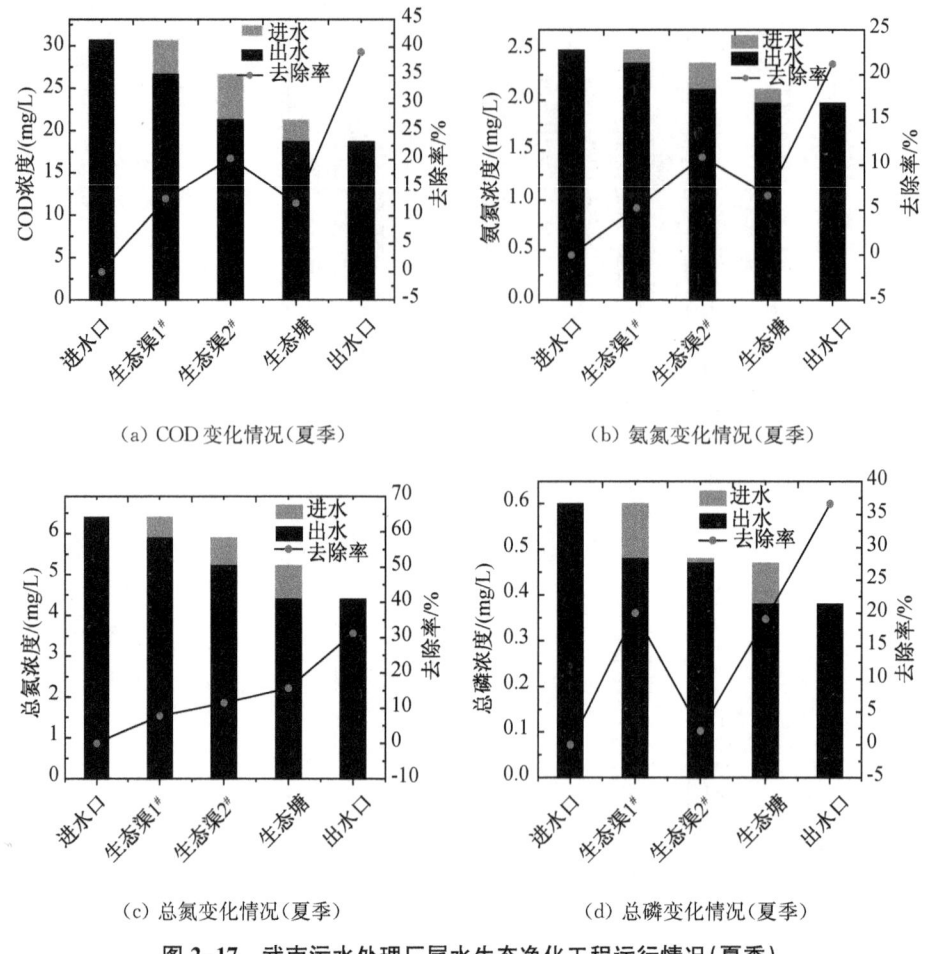

(a) COD 变化情况(夏季)　　　　(b) 氨氮变化情况(夏季)

(c) 总氮变化情况(夏季)　　　　(d) 总磷变化情况(夏季)

图 2-17　武南污水处理厂尾水生态净化工程运行情况(夏季)

冬季和夏季运行情况比较结果见图 2-18。与冬季相比,武进区武南污水处理厂尾水生态净化工程夏季进水 COD 浓度偏高,这可能与废水组成的不同有关,而氨氮、总氮、总磷的进水浓度均比冬季低,特别是总氮,不足冬季的 1/2。相较于冬季,夏季各指标的去除率均有不同程度的提升。相比于冬季,夏季 COD 总去除率达到 39.1%,提升了 11.7%;氨氮的去除率提升了 5.1%;总磷的去除率提升了 3.8%;总氮的去除率增加明显,总去除率达到 31.2%,是冬季的近 3 倍。

2.4.3　无锡市城北污水处理厂尾水生态净化工程

课题组对无锡市城北污水处理厂尾水生态净化工程进行全流程采样,共设

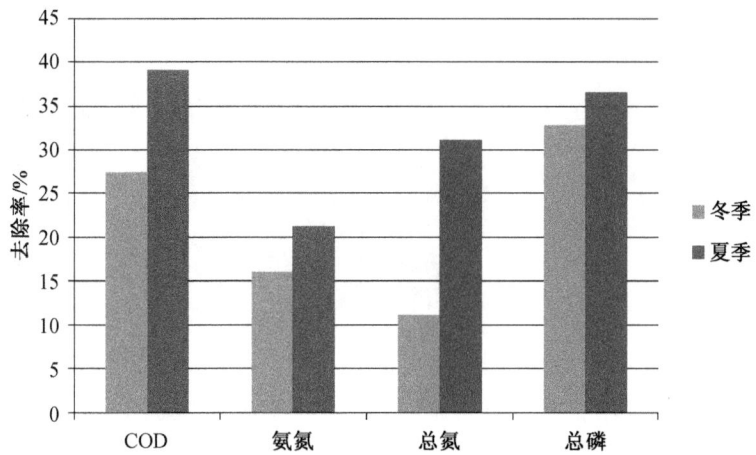

图 2-18 武南污水处理厂夏季和冬季不同指标总去除率比较图

置 5 个采样点,分别为进水口、好氧生态塘、表流湿地、水平潜流湿地、生态塘、出水口,详见图 2-19。

(a) 工程进水口采样处

(b) 工程好氧生态塘采样处

(c) 工程表流湿地采样处

(d) 工程潜流湿地采样处

(e) 工程生态塘采样处

(f) 工程出水口采样处

图 2-19　无锡市城北污水处理厂尾水生态净化工程采样点位

3. 无锡市城北污水处理厂尾水生态净化工程全流程试验结果

无锡市城北污水处理厂尾水生态净化工程冬季运行情况见表 2-11 和图 2-20。

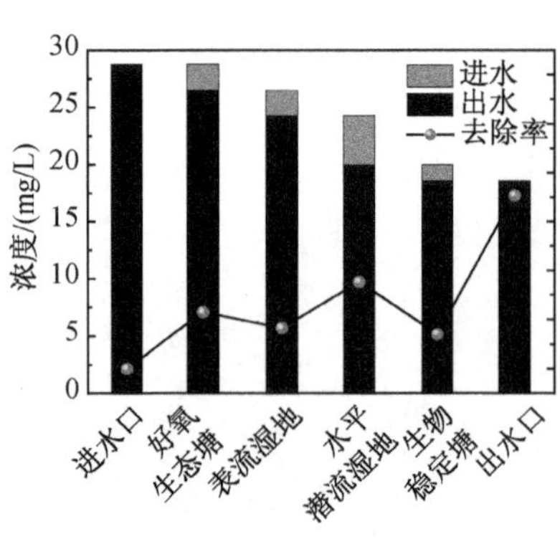

(a) COD 变化情况(冬季)

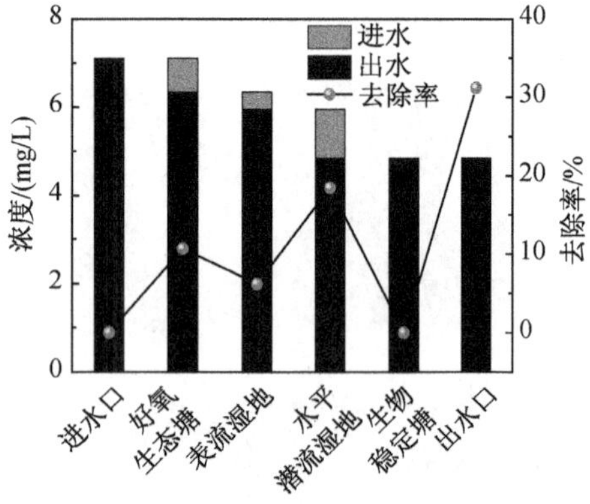

(b) 氨氮变化情况(冬季)

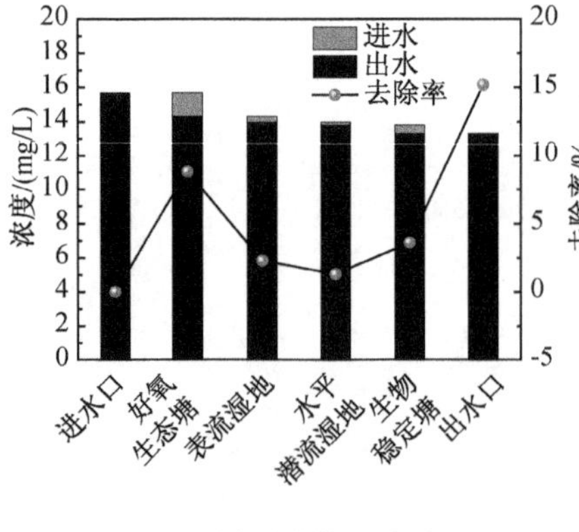

(c) 总氮变化情况(冬季)

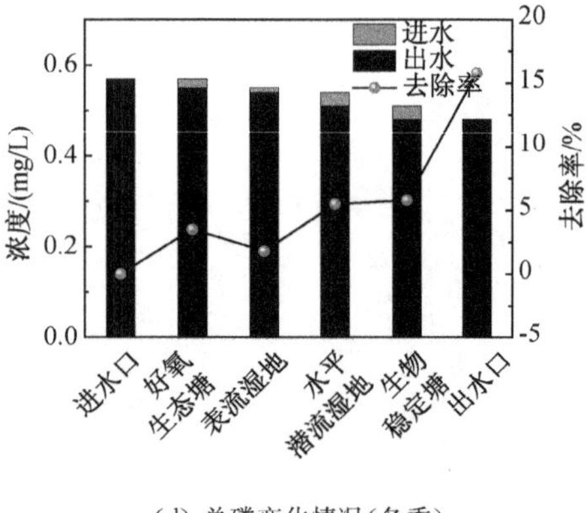

(d) 总磷变化情况(冬季)

图 2-20　无锡市城北污水处理厂尾水生态净化工程运行情况(冬季)

第二章 污水处理厂尾水特征解析

由表2-11和图2-20可知,冬季无锡市城北污水处理厂尾水生态净化工程COD进水浓度28.8 mg/L,出水浓度18.6 mg/L,总去除率35.4%;氨氮进水浓度7.10 mg/L,出水浓度4.85 mg/L,总去除率31.2%;总氮进水浓度15.69 mg/L,出水浓度13.3 mg/L,总去除率15.2%;总磷进水浓度0.57 mg/L,出水浓度0.48 mg/L,总去除率15.8%。COD、氨氮、总氮的去除主要在好氧生态塘和表流湿地内完成,总磷主要在水平潜流湿地和生物稳定塘内去除,总体出水水质优于一级A。

城北污水处理厂尾水生态净化工程夏季运行情况见表2-12和图2-21。

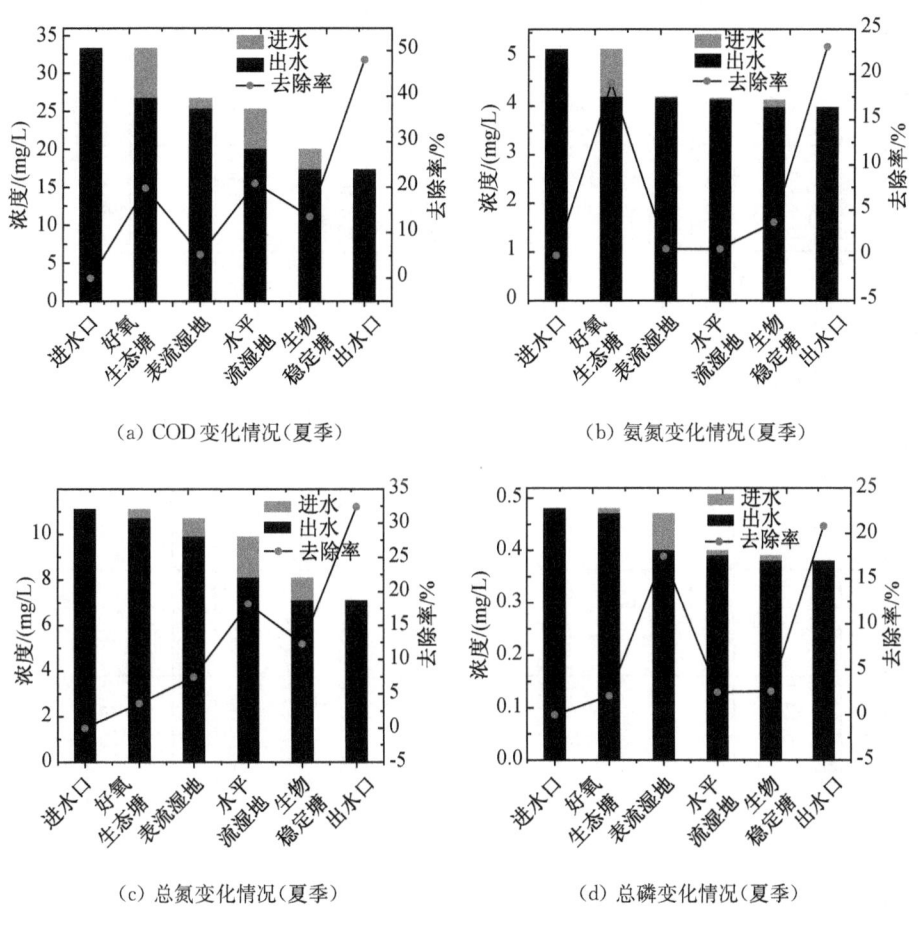

(a) COD变化情况(夏季)　　(b) 氨氮变化情况(夏季)

(c) 总氮变化情况(夏季)　　(d) 总磷变化情况(夏季)

图2-21　无锡市城北污水处理厂尾水生态净化工程运行情况(夏季)

由表2-12和图2-21可知,夏季无锡市城北污水处理厂尾水生态净化工程COD进水浓度33.3 mg/L,出水浓度17.3 mg/L,总去除率48.0%;氨

表 2-11 无锡市城北污水处理厂尾水生态净化工程全流程水质监测结果（冬季）

指标位置	COD 进水浓度/(mg/L)	COD 出水浓度/(mg/L)	COD 去除率/%	氨氮 进水浓度/(mg/L)	氨氮 出水浓度/(mg/L)	氨氮 去除率/%	总氮 进水浓度/(mg/L)	总氮 出水浓度/(mg/L)	总氮 去除率/%	总磷 进水浓度/(mg/L)	总磷 出水浓度/(mg/L)	总磷 去除率/%
进水口	28.8		—	7.10		—	15.69		—	0.57		—
好氧生态塘	28.8	26.5	11.5	7.10	6.34	10.7	15.69	14.30	8.8	0.57	0.55	3.5
表流湿地	26.5	24.3	8.3	6.34	5.95	6.2	14.30	13.97	2.3	0.55	0.54	1.8
水平流湿地	24.3	20.0	17.7	5.95	4.85	18.5	13.97	13.78	1.3	0.54	0.51	5.5
生物稳定塘	20.0	18.6	7.0	4.85	4.85	—	13.78	13.3	3.6	0.51	0.48	5.8
出水口		18.6	35.4		4.85	31.2		13.3	15.2		0.48	15.8
一级 A		50	48.0		5			15			0.5	

表 2-12 无锡市城北污水处理厂尾水生态净化工程全流程水质监测结果（夏季）

指标位置	COD 进水浓度/(mg/L)	COD 出水浓度/(mg/L)	COD 去除率/%	氨氮 进水浓度/(mg/L)	氨氮 出水浓度/(mg/L)	氨氮 去除率/%	总氮 进水浓度/(mg/L)	总氮 出水浓度/(mg/L)	总氮 去除率/%	总磷 进水浓度/(mg/L)	总磷 出水浓度/(mg/L)	总磷 去除率/%
进水口	33.3		—	5.16		—	11.1		—	0.48		—
好氧生态塘	33.3	26.7	19.8	5.16	4.18	19.0	11.1	10.7	3.60	0.48	0.47	2.1
表流湿地	26.7	25.3	5.24	4.18	4.15	0.71	10.7	9.9	7.47	0.47	0.40	17.5
水平流湿地	25.3	20	20.9	4.15	4.12	0.72	9.9	8.1	18.2	0.40	0.39	2.5
生物稳定塘	20	17.3	13.5	4.12	3.97	3.64	8.1	7.1	12.3	0.39	0.38	2.6
出水口		17.3	48.0		3.97	23.06		7.1	32.4		0.38	20.8
一级 A		50			5			15			0.5	

氮进水浓度 5.16 mg/L,出水浓度 3.97 mg/L,总去除率 23.06%;总氮进水浓度 11.1 mg/L,出水浓度 7.1 mg/L,总去除率 32.4%;总磷进水浓度 0.48 mg/L,出水浓度 0.38 mg/L,总去除率 20.8%。COD 的去除主要在好氧生态塘和水平流湿地内完成,氨氮的去除主要在好氧生态塘中完成,总氮的去除主要在好氧生态塘和表流湿地内完成,总磷主要在表流湿地内去除,总体出水水质优于一级 A。

冬季和夏季运行情况比较结果见图 2-22。与冬季相比,无锡市城北污水处理厂尾水生态净化工程夏季进水 COD 浓度偏高,这可能与废水组成的不同有关,而氨氮、总氮、总磷的进水浓度均比冬季低。相较于冬季,夏季 COD、氨氮的去除率有所下降。冬季 COD 总去除率 35.4%,相比于夏季的 48% 有明显下降;氨氮夏季总去除率 23.06%,相比冬季的 31.2% 反而有所下降,这是由于夏季进水本身氨氮浓度较低。夏季相比冬季,总氮和总磷的去除率均有不同程度的提升。夏季总磷总去除率达 20.8%,提升了 5.0%;总氮的去除率增加明显,总去除率达到 32.4%,是冬季的 2 倍。

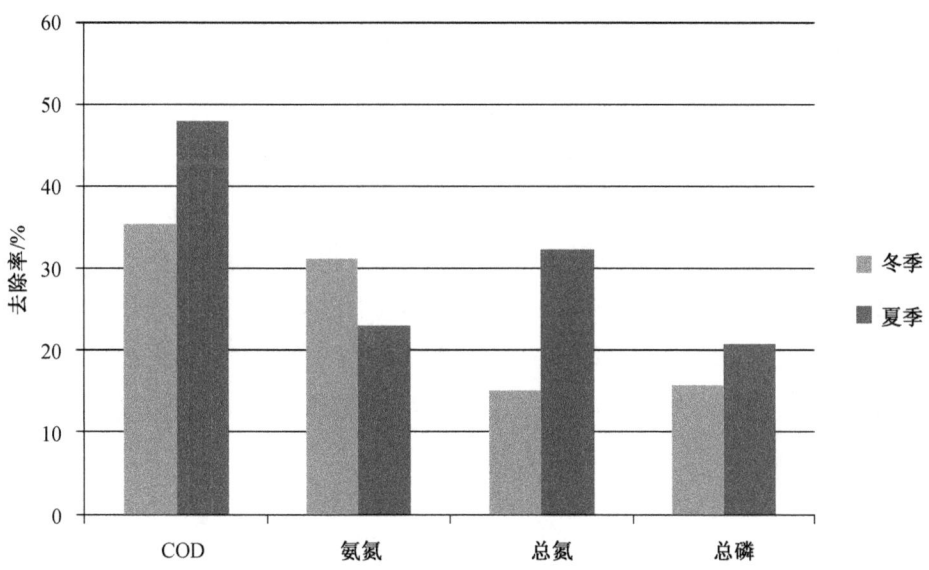

图 2-22 无锡市城北污水处理厂夏季和冬季不同指标总去除率比较图

2.5 本章小结

(1) 截至 2012 年底，江苏省太湖流域 242 座污水处理厂中，共有 13 座污水处理厂建有人工湿地，尾水生态净化实际处理规模 8.38 万 t/d，约占太湖流域污水处理厂总规模的 1.28%。

(2) 武进区武南污水处理厂尾水生态净化工程 COD、氨氮主要在生态沟渠内完成，总氮主要在生态塘内去除，生态沟渠和生态塘对总磷均有明显的去除效果。总体出水水质优于一级 A。与冬季相比，夏季 COD 进水浓度偏高，这可能与废水组成的不同有关，而夏季氨氮、总氮、总磷的进水浓度均比冬季低，特别是总氮，不足冬季的 1/2。相较于冬季，夏季各指标的去除率均有不同程度的提升，相比于冬季，COD 的去除率提升了 11.7%；氨氮的去除率提升了 5.1%；总磷的去除率提升了 3.8%；总氮的去除率增加明显，总去除率达到 31.2%，是冬季的近 3 倍。

(3) 无锡市城北污水处理厂尾水生态净化工程 COD 的去除主要在好氧生态塘和水平流湿地内完成，氨氮的去除主要在好氧生态塘中完成，总氮的去除主要在好氧生态塘和表流湿地内完成，总磷主要在表流湿地内去除，总体出水水质优于一级 A。与冬季相比，夏季进水 COD 浓度偏高，这可能与废水组成的不同有关，而氨氮、总氮、总磷的进水浓度均比冬季低。相较于冬季，夏季 COD、氨氮的去除率有所下降。冬季 COD 总去除率 35.4%，相比于夏季的 48% 有明显下降；氨氮总去除率 23.06%，相比冬季 31.2%，反而有所下降，这是由于夏季进水本身氨氮浓度较低。夏季相比冬季，总氮和总磷均有不同程度的提升。总磷总去除率达 20.8%，提升了 5.0%；总氮的去除率增加明显，总去除率达到 32.4%，是冬季的 2 倍。

第三章
垂直流-水平流组合人工湿地的构建及其运行特性

3.1 引言

工业园区污水厂尾水具有水质水量变化大、难降解有机物浓度高、C/N值低等特点[6]。生态修复技术具有建设和运行成本低、生态环境好和无二次污染的优点,其中,人工湿地技术具有投资少、处理成本低,氮、磷去除效率高等优点,是污水深度处理研究的热点[118]。垂直流人工湿地通过大气富氧实现好氧微生物的富集,从而实现对有机污染物的好氧降解以及NH_4^+—N的硝化[28],并能在一定程度上提高B/C值,为后续工艺提供良好条件;而水平流人工湿地通过创造缺氧条件,可实现有效的反硝化作用,并对有机污染物进行深度降解[115]。因此,本研究构建垂直流-水平流组合人工湿地,通过垂直流人工湿地去除大部分难降解有机物、提高可生化性并将NH_4^+—N转化为硝态氮;然后再通过水平流人工湿地,实现反硝化脱氮和对有机污染物的深度降解。

水力负荷和温度是影响人工湿地运行效果的两个关键因素,它们影响微生物的活性和植物的生长等,进而影响组合工艺的处理效能。因此,本章重点考察了不同水力负荷和季节条件下垂直流-水平流组合人工湿地对工业园区污水厂尾水的去除特性,对上述因素影响处理效能进行了主成分分析,明晰其影响规律。

3.2 材料与方法

3.2.1 试验装置

试验装置由调节池、垂直流人工湿地和水平流人工湿地和控制系统组成。试验装置分为两组,分别标记为 R_1 和 R_2,材料为有机玻璃,详见图3-1和图3-2。通过潜污泵从常熟新材料产业园区污水处理厂泵房处取试验原水,主要水质指标见表3-1。常熟地区属于亚热带季风气候区,多年平均气温15.4℃。

垂直流人工湿地中试装置由处理区和集水区两部分组成。处理区尺寸为70 cm(长)×70 cm(宽)×100 cm(高),集水区尺寸为30 cm(长)×70 cm(宽)×100 cm(高);处理区基质层和排水层总高90 cm,超高为10 cm,由上到下分别布置滤料层(高度为75 cm)、排水层(高度为15 cm),配有两种不同粒径滤料。在基质上方10 cm的地方设置"丰"状布水系统,设"H"状集水管于池底。水平流人工湿地中试装置由配水区、处理区、集水区三部分组成。配水区尺寸为25 cm(长)×50 cm(宽)×70 cm(高),处理区尺寸为100 cm(长)×50 cm(宽)×70 cm(高),集水区尺寸为25 cm(长)×50 cm(宽)×70 cm(高)。处理区滤料层由1层砂石滤料构成,与垂直流人工湿地中的过滤层滤料一致,有效高度为60 cm;配水区和集水区用配水板与填料层区隔开,在集水区布置出水口,设置高度为滤料表面下20 cm。垂直流人工湿地和水平流人工湿地中试装置都采用橡塑保温(外包铝箔)。

在垂直流人工湿地中试装置一侧设4个采样口,采样口处于同一垂直线上,间隔20 cm,从上至下分别为 V_1、V_2、V_3 和 V_4。在水平流人工湿地中试装置一侧设4个采样口,采样口位于同一水平面上,间隔20 cm,从左至右分别为 H_1、H_2、H_3 和 H_4。两种人工湿地均种植芦苇,种植密度为16株/m^2。

3.2.2 试验材料

1. 试验用水

试验用水为常熟新材料产业园污水处理厂尾水,其中新材料产业园工业园区重点发展精细化工和生物化工等主导产业。污水处理厂以"分质调节—混凝沉淀—厌氧水解—缺氧—好氧—二沉"作为主体工艺。试验用水水质见表3-1。

第三章 垂直流-水平流组合人工湿地的构建及其运行特性

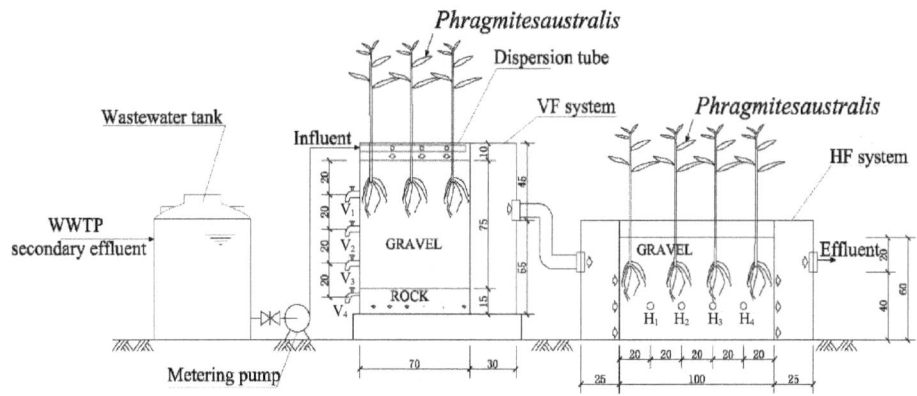

图 3-1 垂直流-水平流组合人工湿地试验装置图

图 3-2 垂直流-水平流组合人工湿地装置现场

表 3-1 试验水质特征

序号	试验指标	平均值
1	COD/(mg/L)	36.68±4.30
2	BOD_5/(mg/L)	7.34±1.22
3	TN/(mg/L)	4.60±0.62
4	NH_4^+—N/(mg/L)	1.76±0.30

续表

序号	试验指标	平均值
5	NO_3^-—N/(mg/L)	1.21±0.26
6	TP/(mg/L)	0.08±0.018
7	TDS/(mg/L)	3 055±65
8	pH 值	7.41±0.36

注：±表示标准差。

2. 试验仪器

试验仪器有标准 COD 消解器（HCA-100，泰州泰普特，中国），电子天平（AR224CN，奥豪斯，美国），紫外-可见分光光度计（UV1000，上海天美，中国），电压力锅（AP-Y6016，温岭爱仕达，中国），电热恒温干燥箱（DHG-9030A，上海精宏，中国），超纯水机（FAMO-10，南京权坤，中国），pH 计（PHS-3D，上海雷磁，中国），TDS 计（SX-650，上海三信，中国），扫描电子显微镜（SEM，scanning electron mioscope，S-3400N II，Hitachi 公司，日本）。

3.2.3 试验方法

中试试验时间：2013 年 3 月—2014 年 7 月。试验内容如下：

（1）中试试验启动期：2013 年 3—4 月，初始进水负荷 R_1 和 R_2 均为 0.05～0.1 m/d，持续运行 2 个月，处理水质效果稳定，基质上形成稳定的微生物，顺利完成试验启动。

构建的垂直流-水平流组合人工湿地试验启动重点关注进水方式、进水流量、液位控制高度等三方面，同时注意监测出水水质和观察植物生长情况。

中试装置自 2013 年 3 月份启动，采用常熟新材料产业园污水处理厂实际尾水进行调试，中试阶段的运行参数及启动结果见表 3-2。

表 3-2 中试试验的运行参数及启动结果

调试阶段	运行参数	调试结果
调试初期 (28 d)	采用工业园区污水厂尾水进行驯化滤料上微生物。水力负荷 0.05 m/d，每日分两次进水，分别是早上 8:00，下午 4:00。控制液位，保持垂直流湿地处于低液位，水平流湿地处于常水位。	滤料上初步形成微生物群落； 前 3 周：COD 去除率 15%～20%，NH_4^+—N 去除率 20%～30%； 第 4 周：COD 去除率 30%以上，NH_4^+—N 去除率 40%以上

续表

调试阶段	运行参数	调试结果
调试后期（39 d）	水力负荷 0.1 m/d,每日连续进水。控制液位,保持垂直流湿地处于中至低液位,水平流人工湿地处于常水位。	滤料上初步形成稳定微生物群落; 第 5～8 周:COD 去除率 15.3%～39.6%, NH_4^+—N 去除率 35.7%～80.5%; 第 9 周:COD 去除率 35%以上, NH_4^+—N 去除率 75%以上,系统稳定

(2) 季节的影响研究:2013 年 8 月—2014 年 7 月,水力负荷 0.1 m/d,历经春、夏、秋、冬四个季节。

(3) 水力负荷的影响研究:2013 年 5—7 月,R_1 系统水力负荷为 0.1(2013 年 5—6 月)～0.3 m/d(2013 年 6—7 月);R_2 系统水力负荷为 0.2(2013 年 5—6 月)～0.5 m/d(2013 年 6—7 月)。

3.2.4 分析方法

1. 试验常规水质分析方法

化学需氧量(COD),重铬酸钾法;总氮(TN),过硫酸钾氧化-紫外分光光度法;亚硝态氮(NO_2^-—N),N—(1—萘基)—乙二胺光度法;硝态氮(NO_3^-—N),紫外分光光度法;氨氮(NH_4^+—N),纳氏试剂分光光度法;生化需氧量(BOD_5),稀释倍数法;总磷(TP),过硫酸钾消解-钼酸铵分光光度法;pH 值,玻璃电极法。以上方法均参考《水和废水监测分析方法》[125]。

2. 主体植物分析方法

植物高度的测定:在试验稳定期,每隔一段时间观察并测量植物的生长高度,选取具有代表性的植物,测定后取平均值。

3. 基质分析方法

采用扫描电镜(SEM)进行表面形态观察和能谱分析。首先,将滤料吹干;接着,在观察台上用导电胶固定干燥完的滤料;然后,喷金,即给样品镀上一层金属膜;最后,用电镜观测,放大倍数为 5～300 000 倍。

4. 统计分析

主成分分析通过 SPSS 19.0 软件进行。

3.3 结果与讨论

3.3.1 季节对垂直流-水平流组合人工湿地运行特性的影响

季节是垂直流-水平流组合人工湿地中微生物活性和植物生长状况的关键影响因素。在前面确定的最佳工况下,即水力负荷为 0.1 m/d 的条件下,开展季节对工艺运行效能的影响研究。

由表 3-2 可知,2013 年 4 月份,垂直流-水平流组合人工湿地对 COD、NH_4^+—N、TN 和 TP 的去除率分别为 15.3%～39.6%、35.7%～80.5%、35.2%～76.2% 和 40.2%～82.5%。该垂直流-水平流组合人工湿地启动运行约 60 d,COD、NH_4^+—N、TN 和 TP 的去除率分别稳定在 35%、75%、75% 和 80% 左右,表明试验启动阶段基本完成。启动前与启动第 9 周(第 60 d)时垂直流-水平流组合人工湿地中滤料的 SEM 结果比较见图 3-3。

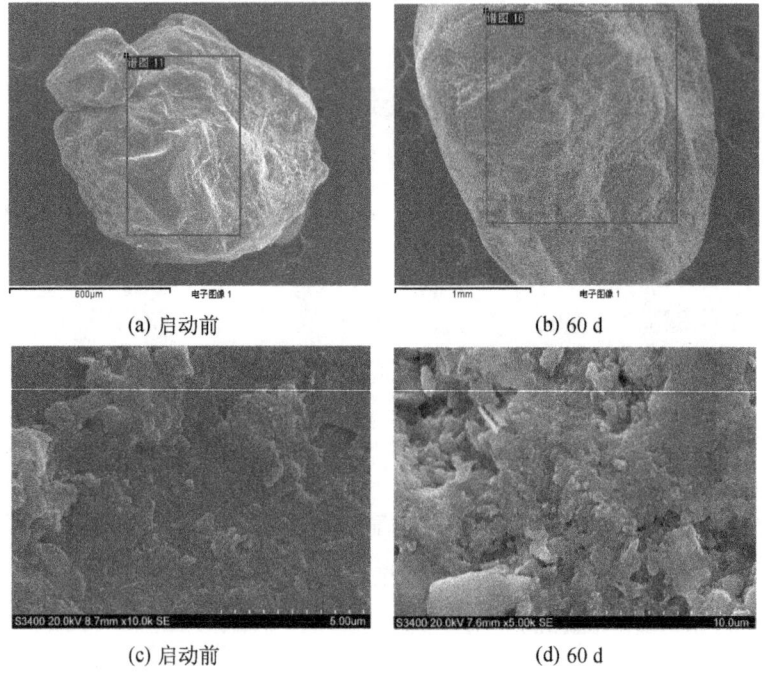

(a) 启动前   (b) 60 d

(c) 启动前   (d) 60 d

图 3-3 启动前与稳定期人工湿地中石英砂基质表面 SEM 结果比较

由图 3-3 可知,启动第 9 周(第 60 d)的基质表层明显附着一层厚厚的生物膜,且存在一定数量的球菌,而启动前的基质表层孔隙和杂质清晰可见。这一点也验证了微生物数量的激增、微生物群落的形成和稳定,组合人工湿地启动顺利完成。

1. 季节对垂直流-水平流组合人工湿地污染物去除效能的影响

启动后,组合湿地达到稳定,不同季节对垂直流-水平流组合人工湿地污染物去除效能研究的试验时间为 2013 年 8 月 1 日—2014 年 7 月 15 日(349 d)。

(1) 不同季节垂直流-水平流组合人工湿地对 NH_4^+—N 和 TN 的去除效能

不同季节垂直流-水平流组合人工湿地对 NH_4^+—N 和 TN 的去除效能变化分别见图 3-4 和图 3-5。

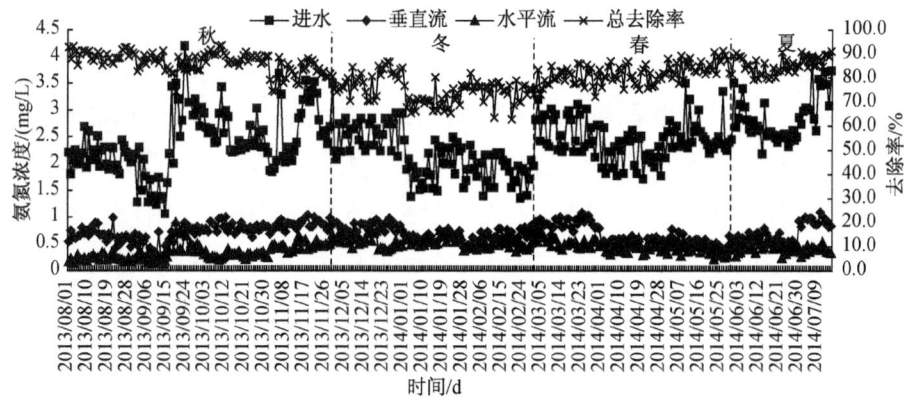

图 3-4　不同季节垂直流-水平流组合人工湿地对 NH_4^+—N 的去除效能变化

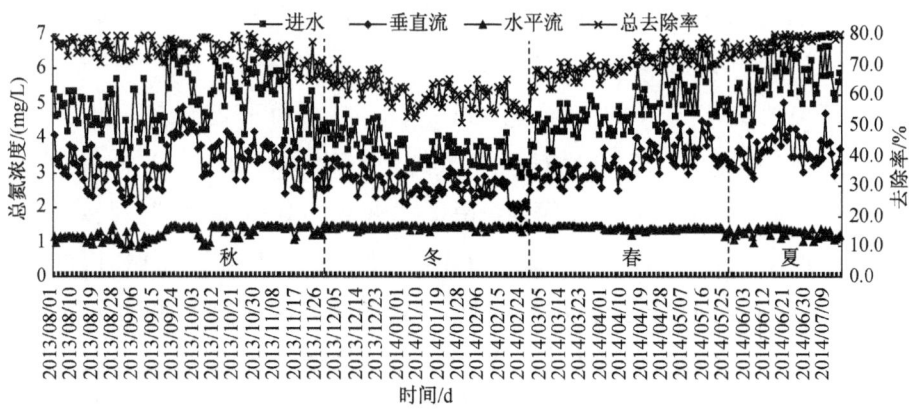

图 3-5　不同季节垂直流-水平流组合人工湿地对 TN 的去除效能变化

由图3-4和图3-5可知,在试验期,即2013年8月1日—2014年7月15日(349 d),TN和NH_4^+—N的去除率随季节有一定波动。总体规律是夏季＞秋季＞春季＞冬季,可能与水质、水温、植物生理生化特性等参数有关。

在进水NH_4^+—N平均浓度为(2.31±0.62)mg/L时,平均出水NH_4^+—N浓度为(0.38±0.15)mg/L,NH_4^+—N的平均去除率为81.04%,高于Zhai等[116]所报道的71.7%。其原因主要有两方面:一方面,垂直流人工湿地采用间歇布水,大气富氧条件好,尤其是垂直流上层溶解氧充足,给硝化作用提供了良好的基础。NH_4^+—N主要在垂直流段去除,平均去除率为69.46%,而水平流段去除率明显低于垂直流段,去除率达到38.50%。另一方面,经过一段时间实际废水的驯化,在垂直流湿地滤料上形成了与硝化功能相关的*Nitrosococcus*、*Nitrobacter*和*Nitrospira*菌属(详见第四章),并占据优势,促进了NH_4^+—N的硝化作用,为TN的反硝化提供了基础。此外,本次选择具有耐盐、耐寒、耐污等特点的芦苇[121],很好地适应了污水处理厂尾水的特性,生长旺盛,通过光合作用为根系输送大量氧气,这为垂直流湿地提供了好氧环境。这也是充分验证了本次研究选择的垂直流-水平流组合人工湿地的合理性和植物选择的正确性。

在进水TN平均浓度为(4.94±1.83)mg/L时,平均出水浓度为(1.31±0.27)mg/L,TN的平均去除率为72.30%。高于Ong等[104]研究中60%~67%的TN去除率。水平流段TN的去除率明显高于垂直流人工湿地,去除率达60.40%,而在垂直流人工湿地,TN去除为32.62%。分析原因主要有两方面一方面,在垂直流-水平流组合人工湿地中,TN是在垂直流人工湿地中大幅度降低的,TN转化成NO_2^-—N和NO_3^-—N,解决了硝化作用对TN去除的限制性步骤[57],为反硝化提供基础,这与Vymazal[115]的研究成果一致。另一方面,水平流人工湿地NO_3^-—N的去除率达到了56.54%,而垂直流人工湿地仅为28.96%,这与水平流人工湿地滤料上形成的与反硝化相关的*Acidovorax*、*Azoarcus*、*Rhodobacter*和*Thauera*等优势菌属(详见第四章)关系密切。此外,水平流人工湿地在接受垂直流人工湿地间歇布水条件下的来水对反硝化作用也有促进作用[126]。这也是充分验证了本次研究选择的垂直流-水平流组合人工湿地的合理性和滤料选择的正确性。人工湿地系统中芦苇枯萎、落叶,以及沉积物等腐烂后能为生物反硝化提供碳源,强化了生物脱氮过程;而垂直流人工湿地可能因为碳源供给不及水平流人工湿地,所以生物脱氮效能相对偏低。

此外,随着季节变化,NO_3^-—N 去除率也呈季节性变化,表现为水温高时去除效果较好。去除率以夏季最高,春季、秋季和冬季相差不大,但是以冬季最差;NO_2^-—N 在不同季节均没有出现较为明显的积累现象,也进一步验证了人工湿地同步硝化反硝化的现象。TN 是通过 NH_4^+—N 和 NO_3^-—N 同步去除的。但是总体来讲,TN、NO_3^-—N 和 NH_4^+—N 的去除率在春、夏、秋 3 季变化不明显,说明人工湿地系统在水温波动不大的情况下,能保证出水水质较为稳定。另外,季节变化会导致植物的生理生化变化,改变了植物根系的"根际效应",使硝化菌和反硝化菌数量、活性受到影响,从而影响 TN、NO_3^-—N 和 NH_4^+—N 的去除率。

在人工湿地系统中,约 90% 的氮素污染物是通过微生物去除的,其余的氮主要是通过植物吸收及其他沉积物的积累所去除。低温对硝化细菌和亚硝化细菌的生长繁殖速率和活性影响较大。中试研究过程中发现,冬季人工湿地 TN、NO_3^-—N 和 NH_4^+—N 的去除率有一定程度的降低,说明低温条件下人工湿地的脱氮效能有待于进一步提高和研究。Olezkiewica 等[127]研究结果表明硝化速率受温度的影响大,当温度低于 7℃时,硝化速率迅速降低。但是本实验中 NH_4^+—N 去除率基本不变,这可能是由于人工湿地系统中富含氨氧化细菌及氨氧化古菌,低温条件虽然抑制了部分氨氧化古菌部分种群的生长,但剩余部分在这个条件下比较完全地参与氨氧化过程,使得湿地系统在低温条件下仍能保持较高的硝化反应趋势。而温度对于反硝化速率的影响也有大量报道。Coban 等[128]进行针对反硝化工艺在低温条件下的运行效果研究,结论是反应器中反硝化速率在 15℃条件下是 3℃条件下的 1.8 倍。Zhong 等[129]在太湖对沉积物中的反硝化与温度之间的关系进行了研究,得到的结论是:反硝化速率与季节变化相关,冬季反硝化速率显著降低。因此,在冬季低温条件下,即使硝化效率仍能保持较高水平,但反硝化速率降低限制了湿地系统对 TN 的去除。

因此,不同季节垂直流-水平流组合人工湿地出水 NH_4^+—N 浓度很低,满足 NH_4^+—N 浓度在 1.0 mg/L 以下的要求,符合《地表水环境质量标准》(GB 3838—2002)中Ⅲ类水质的标准;出水 TN 浓度满足在 1.5 mg/L 以下的要求,符合《地表水环境质量标准》中Ⅳ类水质的标准。

(2) 不同季节垂直流-水平流组合人工湿地对 COD 的去除效能

不同季节垂直流-水平流组合人工湿地对 COD 的去除效能变化情况见

图 3-6。

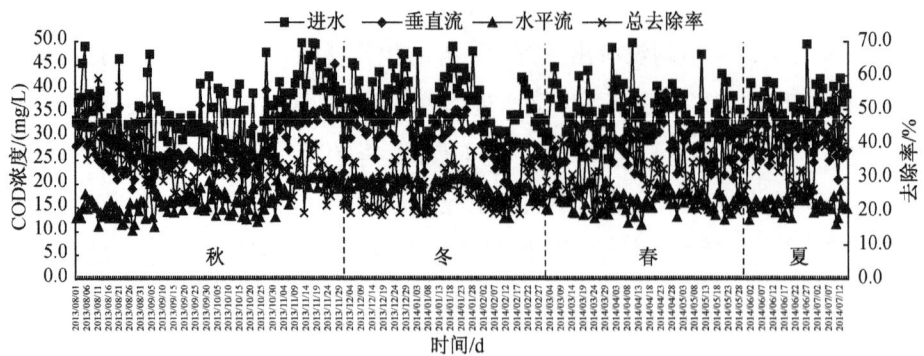

图 3-6 不同季节垂直流-水平流组合人工湿地对 COD 的去除效能变化

由图 3-6 可知,在试验期间,即 2013 年 8 月 1 日—2014 年 7 月 15 日(349 d),COD 去除率随季节波动比较大,总体规律是:夏季＞秋季＞春季＞冬季。垂直流-水平流组合人工湿地在夏季去除 COD 的能力比冬季高出 20%左右,表明温度的升高有利于有机物的去除。滤料-根系微生物体系对 COD 的去除发挥着重要作用,在适宜温度条件下,温度的升高有利于微生物生长速率的提高,从而加快有机物的降解。同时,夏季植物生长旺盛,能吸收部分有机物。在低温条件下,微生物细胞内的某些酶活性大大降低,微生物生长代谢受到抑制,进而影响到微生物对有机物的去除效率。两级人工湿地处理城镇污水的长期运行研究发现,湿地系统在冬季去除 COD 的能力远小于夏季,去除率由 86.4%下降至 47.8%。有研究指出,冬季系统内低溶解氧也会造成有机物去除能力降低。在冬季水中低温条件下,植物根系泌氧能力有限,植物生长状态较差,湿地床体表现为厌氧环境,抑制了好氧微生物的生长。

在进水 COD 平均浓度为(35.31±5.90)mg/L 的条件下,平均出水 COD 浓度为(23.46±2.18)mg/L,COD 的平均去除率为 33.70%。从总体趋势看,COD 的去除率先降低后升高,其中在 1—2 月份去除效果最低,8—9 月份达到最高。而在 Vymazal[31]等的研究中,COD 去除率能达到 84.4%。主要原因有两方面:一方面,工业园区污水厂尾水浓度不高,可以去除的浓度有限;另一方面,与普通生活污水相比,工业园区二级生化尾水中有机物成分复杂,难降解物质多,且尾水浓度较低,进一步去除更困难。

虽然COD去除率不是很高,但出水COD浓度很低,满足COD浓度在30 mg/L以下的要求,符合《地表水环境质量标准》中Ⅳ类水质的标准。

(3) 不同季节垂直流-水平流组合人工湿地对TP的去除效能

不同季节垂直流-水平流组合人工湿地对TP的去除效能变化见图3-7。

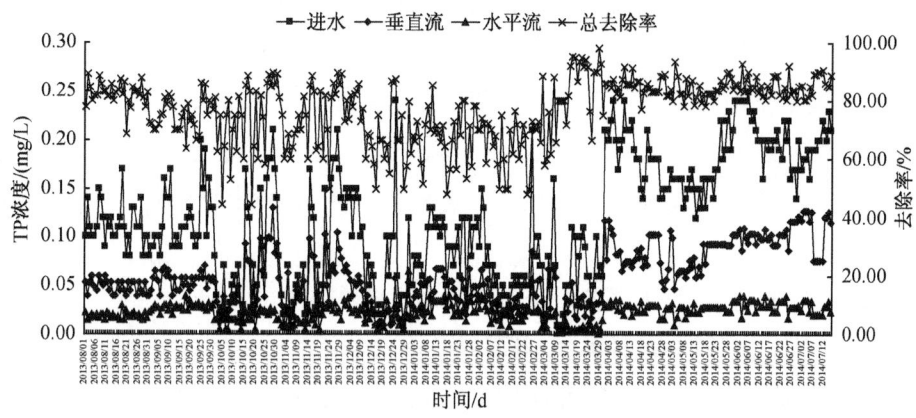

图 3-7　不同季节垂直流-水平流组合人工湿地对 TP 的去除性能变化

由图 3-7 可知,在试验期间,即 2013 年 8 月 1 日—2014 年 7 月 15 日(349 d),TP 的去除率随季节有一定波动。TP 出水浓度为 0.01~0.06 mg/L。出水符合《地表水环境质量标准》中Ⅱ类水质的标准,总体小于 0.1 mg/L 的要求。人工湿地主要通过植物的吸收、基质的吸附沉积等物理化学作用以及聚磷菌的富集以达到除磷效果。夏季,植物的光合作用强,植物的生长速度快,从而可吸收部分磷并且可通过收割植物的方式去除。而冬季,植物生长缓慢且部分衰败,因此植物的吸收作用被削弱。另外,在低温条件下,由于微生物去除污染物的能力下降,有机物颗粒容易在湿地床内累积,造成填料层冻结,使得基质与磷的吸附沉积作用降低。温度的降低也影响到聚磷菌的生长繁殖速率,同时使得湿地床内溶解氧浓度降低,使聚磷菌处于缺氧环境,因此由吸磷过程转变为释放磷的过程。在冬季低温条件下,植物、基质及微生物对磷的去除能力同时降低,因此,湿地系统在冬季时对 TP 的去除效率最低。

在进水 TP 平均浓度为 (0.12±0.015) mg/L 的条件下,平均出水 TP 浓度为 (0.02±0.008) mg/L,TP 的平均去除率为 79.72%,高于杨林等[130]得出 49.2% 的结果。分析原因主要有两方面:一方面,这可能是由于工业园区污水处理厂尾水中磷含量较低的情况下(0.06～0.21 mg/L),芦苇植物生长和滤料上微生物自身代谢对磷去除起到了主要的作用;另一方面,本次试验选择的石英砂滤料对磷的去除是最有效的,这与 Saeed 等[88]的研究结论一致。这也充分验证了本次研究垂直流-水平流组合人工湿地中植物和滤料选择的正确性。

因此,出水 TP 浓度在 0.1 mg/L 以下,符合《地表水环境质量标准》中Ⅱ类水质的标准。

综上,本章构建的垂直流-水平流组合人工湿地对园区尾水中的污染物具有良好的去除效能,尤其是具有高效的氮素削减能力,这暗示着该组合湿地系统中的各个单元、微生物、基质等充分发挥了各自的作用,其微生物机理和水力学特性有待进一步研究。

2. 季节对垂直流-水平流组合人工湿地中植物生长的影响

人工湿地中种植植物种类的不同,以及植物生长功能和生长速度差异,对污染物的去除能力也不同。植物可对人工湿地的净化起到一定的作用,主要体现为:第一,植物直接转化和吸收水中污染物,以满足自身生长需求;第二,植物为人工湿地中基质提供充足的氧,营造良好的好氧环境,提供微生物共生栖息地;第三,植物根系具有对水体中污染物的吸收和对氧气的传送作用,营造厌氧-缺氧-好氧的环境,为微生物硝化、反硝化提供良好的微环境。相对于其他湿地植物而言,芦苇(*Phragmites australis*)的脱氮效果最佳,一直受到研究人员的青睐[85]。

芦苇在夏季和冬季的生长情况见图 3-8。

(a) 夏季　　　　　　　　　　　　　　(b) 冬季

图 3-8　芦苇夏季和冬季的生长情况

由图 3-8 可知,在 2014 年 8 月份,植物茎部、叶部已经非常旺盛,芦苇高度达到 1.5 m 左右;但是在冬季,植物叶部枯萎,茎部也生长缓慢。

人工湿地芦苇生长变化情况见图 3-9。

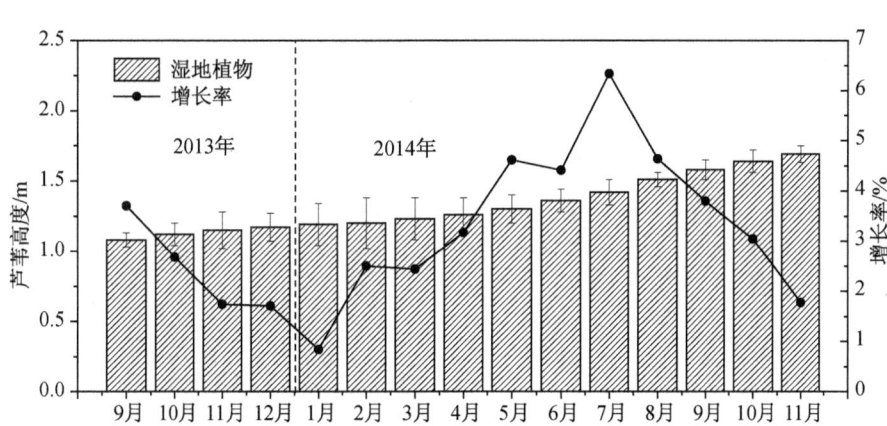

图 3-9 人工湿地中芦苇的生长变化情况

由图 3-9 可知，常熟市属于亚热带季风气候区，植物在一年内的多数时间中均能生长。从芦苇植物的生长率来看，它在第一年(2013 年)冬季生长速率明显偏低，到了第二年(2014 年)的 7—8 月份则增长较快。主要原因有两方面：一方面，经过一段时间，植物对尾水水质已经完全适应，能更好地吸收水中营养物质；另一方面，气温升高，植物的光合作用显著加强。

垂直流-水平流组合人工湿地中 NH_4^+—N、TN、TP 的去除率逐月变化情况分别见图 3-10、图 3-11 和图 3-12 所示。

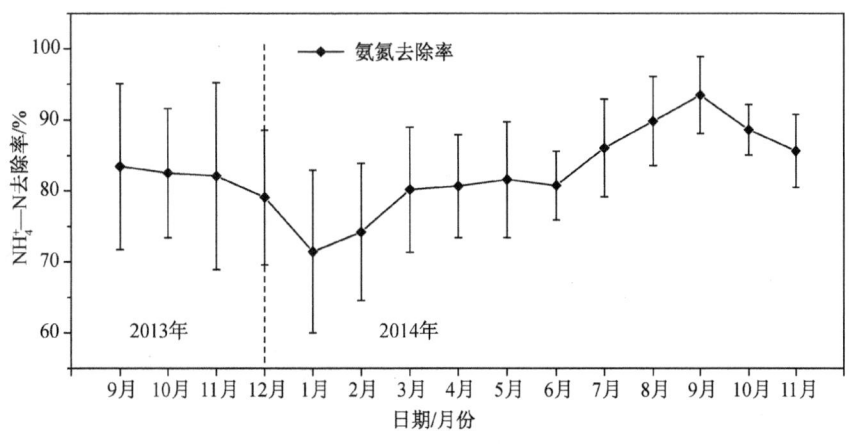

图 3-10 垂直流-水平流组合人工湿地中 NH_4^+—N 去除率的变化情况

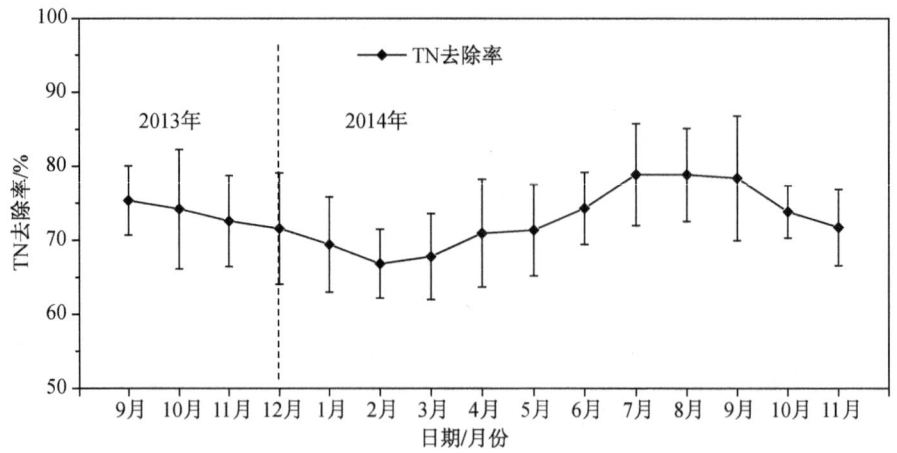

图 3-11　垂直流-水平流组合人工湿地中 TN 去除率的变化情况

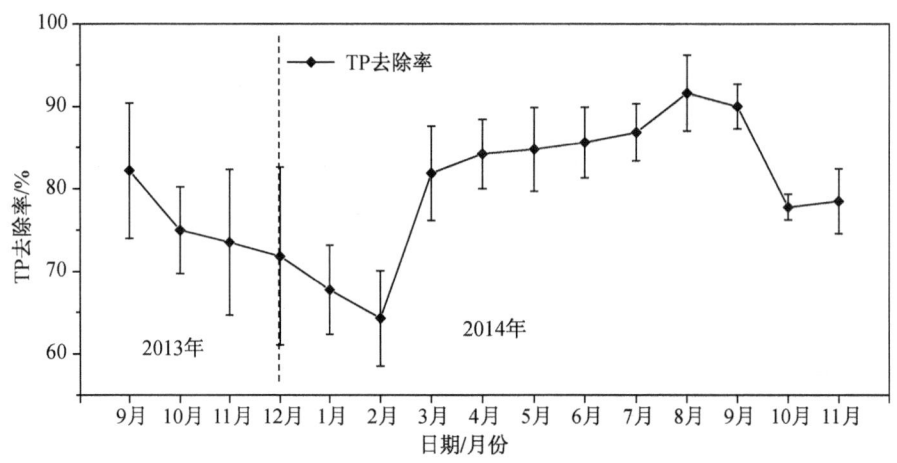

图 3-12　垂直流-水平流组合人工湿地中 TP 去除率的变化情况

植物在春季和夏季生长旺盛,气温较高,植物和微生物生长旺盛,NH_4^+—N、TN 和 TP 等污染物的去除率普遍较高。但是到了秋季和冬季,植物生长减缓,低温较低,植物和微生物的活性下降。因此,NH_4^+—N、TN 和 TP 等污染物的去除率也有所下降。对比图 3-9 可知,植物随着季节增加的量也和 NH_4^+—N、TN 和 TP 的去除率趋势一致,表明植物对污染去除有一定贡献,可促进人工湿地组合处理系统稳定达标。

由图 3-10、图 3-11 和图 3-12 可知,即使在冬季,垂直流-水平流组合人工

湿地对 NH_4^+—N、TN 和 TP 的去除率仍然维持在 81.04%、72.30% 和 79.72%。分析原因主要有三方面：第一，芦苇植物本身会吸收各种形态的氮，尤其是无机氮，以作为自身生长的元素；第二，通过庞大的芦苇根系输氧，营造了良好的好氧环境，硝化菌在好氧环境下可以迅速生长且大量富集；第三，试验中采用保温措施，可保证工艺中植物的正常生长。

3.3.2 水力负荷对垂直流-水平流组合人工湿地运行效能的影响

水力负荷是人工湿地设计、运行的关键参数，关系到垂直流-水平流组合人工湿地的运行效能和投资。在中试验稳定期(2013 年 5—7 月)，开展了垂直流-水平流组合人工湿地在 0.1 m/d、0.2 m/d、0.3 m/d、0.5 m/d 四个水力负荷条件下污染物运行效能的研究，研究结果见表 3-3。

1. 不同水力负荷对垂直流-水平流组合人工湿地污染物去除效果的影响

由表 3-3 可知，随着水力负荷的增加，TN、NH_4^+—N 和 TP 的去除率急剧降低，COD 和 BOD_5 的去除率逐渐降低。

当进水 TN 和 NH_4^+—N 为 (4.60±0.62) mg/L 和 (1.76±0.30) mg/L 时，水力负荷分别为 0.1 m/d、0.2 m/d、0.3 m/d 和 0.5 m/d 的条件下，TN 和 NH_4^+—N 平均出水浓度为 (0.89±0.21) mg/L 和 (0.17±0.13) mg/L，(1.54±0.28) mg/L 和 (0.31±0.06) mg/L，(2.98±0.25) mg/L 和 (0.62±0.11) mg/L，(2.23±0.25) mg/L 和 (0.96±0.04) mg/L，总去除率分别为 80.6% 和 90.3%、66.5% 和 82.4%、55.0% 和 64.7%、35.2% 和 45.5%。只有在 0.1 m/d 条件下出水 TN 和 NH_4^+—N 指标才能同时符合《地表水环境质量标准》中Ⅳ类水质的标准。在 0.2 m/d 条件下，TN 出水指标均符合《地表水环境质量标准》中Ⅴ类水质的标准。总体来说，TN、NH_4^+—N 和 NO_3^-—N 的去除效率随着水力负荷的提高而不断降低，而出水 NO_2^-—N 浓度随着水力负荷的提高却不断升高，但没有出现较为明显的 NO_2^-—N 积累问题，NO_2^-—N 平均浓度进水为 0.12 mg/L，出水为 0.14~0.18 mg/L，进、出水浓度均为 0.12~0.18 mg/L，低于 0.2 mg/L。相对于进水而言，出水中最大的 NO_2^-—N 增加幅度没有超过 70%（小于 100%），我们认为 NO_2^-—N 浓度升高却没有积累，与此同时，NO_3^-—N 也保持在较低浓度，进水 NO_3^-—N 平均浓度为 1.21 mg/L，出水浓度均低于 0.90 mg/L。当水力负荷分别为 0.1 m/d、0.2 m/d、0.3 m/d 和 0.5 m/d 时，

表 3-3　不同水力负荷条件下垂直流-水平流组合人工湿地对污染物的去除效能

单位：mg/L

水质指标	进水	0.1 m/d 出水	0.2 m/d 出水	0.3 m/d 出水	0.5 m/d 出水	去除率 E_1(%)[c]	去除率 E_2(%)	去除率 E_3(%)	去除率 E_4(%)	Ⅳ类
COD	36.68±4.30[b]	21.72±2.59	22.14±3.01	23.21±3.27	29.91±4.10	40.8[a]	39.6	36.7	18.4	30
BOD_5	7.34±1.22	1.23±0.39	1.63±0.45	1.82±0.37	3.52±0.32	83.2	77.8	75.2	52.3	—
TN	4.60±0.62	0.89±0.21	1.54±0.28	2.07±0.30	2.98±0.25	80.6	66.5	55.0	35.2	1.5
NH_4^+-N	1.76±0.30	0.17±0.13	0.31±0.06	0.62±0.11	0.96±0.04	90.3	82.4	64.7	45.5	1.5
NO_3^--N	1.21±0.26	0.34±0.16	0.56±0.13	0.83±0.23	0.90±0.16	71.9	53.7	31.4	25.6	—
NO_2^--N	0.12±0.03	0.14±0.04	0.18±0.04	0.16±0.04	0.17±0.03	—	—	—	—	—
TP	0.08±0.018	0.01±0.005	0.02±0.008	0.04±0.01	0.05±0.007	87.5	75.0	50.0	37.5	0.3

注：a. 去除率＝[（平均进水浓度－平均出水浓度）/平均进水浓度]×100%。
b. 平均值标准差。
c. E_1——0.1 m/d 时的去除率；E_2——0.2 m/d 时的去除率；E_3——0.3 m/d 时的去除率；E_4——0.5 m/d 时的去除率。

NH_4^+—N 浓度降低分别为 1.59 mg/L、1.45 mg/L、1.14 mg/L 和 0.8 mg/L。理论上说，NO_3^-—N 和 NO_2^-—N 合计浓度上升值应该对应为 1.59 mg/L、1.45 mg/L、1.14 mg/L 和 0.8 mg/L，但是 NO_3^-—N 和 NO_2^-—N 合计浓度下降了 0.85 mg/L、0.59 mg/L、0.4 mg/L、0.26 mg/L，说明 NH_4^+—N 硝化后并没有富集为 NO_3^-—N 和 NO_2^-—N 而导致 NO_3^-—N 和 NO_2^-—N 浓度上升，NO_3^-—N 和 NO_2^-—N 浓度不升反降，出现了硝化和反硝化同步进行，即同步硝化反硝化。这可能是因为 NH_4^+—N 在人工湿地好氧微环境区域中实现生物硝化作用，同时在缺氧微环境区域中利用尾水中残留的有机物和植物腐败后形成的有机物作为湿地的碳源进行生物反硝化作用。所以在实验过程中 TN、NH_4^+—N 和 NO_3^-—N 同步去除，并没有出现 NO_2^-—N 大量积累的问题。

当进水 TP 在 (0.08±0.018) mg/L 时，水力负荷分别为 0.1 m/d、0.2 m/d、0.3 m/d 和 0.5 m/d 的条件下，TP 平均出水浓度为 (0.01±0.005) mg/L、(0.02±0.008) mg/L、(0.04±0.01) mg/L 和 (0.05±0.007) mg/L，去处率分别为 87.5%、75.0%、50.0% 和 37.5%。TP 出水浓度为 0.01～0.05 mg/L，出水水质均符合《地表水环境质量标准》中Ⅱ类水质的标准。TP 的去除主要依靠沉淀、吸附等物理作用，水力负荷提高使水体的沉降时间、吸附时间缩短，从而降低了水体 TP 的去除过程。

当进水 COD 在 (36.68±4.30) mg/L 时，水力负荷分别为 0.1 m/d、0.2 m/d、0.3 m/d 和 0.5 m/d 的条件下，COD 平均出水浓度为 (21.72±2.59) mg/L (22.14±3.01) mg/L、(23.21±3.27) mg/L 和 (29.91±4.1) mg/L，总去除率分别为 40.8%、39.6%、36.7% 和 18.4%。当进水 BOD_5 在 (7.34±1.22) mg/L 时，水力负荷分别为 0.1 m/d、0.2 m/d、0.3 m/d 和 0.5 m/d 的条件下，BOD_5 平均出水浓度为 (1.23±0.39) mg/L、(1.63±0.45) mg/L、(1.82±0.37) mg/L 和 (3.52±0.32) mg/L，总去除率分别为 83.2%、77.8%、75.2% 和 52.3%。作为有机物的两个主要指标，在不同的水力负荷下，COD 和 BOD_5 的去除率较为稳定，这说明水力负荷对有机物的去除影响不大，同时出水指标均符合《地表水环境质量标准》中Ⅴ类水质的标准。这与 Petitjean 的研究结果一致[126]。在组合湿地中，水力负荷的增加会降低有机物的去除率，这说明构建的垂直流-水平流组合人工湿地对工业园区污水处理厂可生化性差的尾水具有良好的去除效果。

为了进一步研究垂直流-水平流组合人工湿地稳定运行效能，本章选择了水力负荷为 0.1 m/d 的条件来进行后续实验。

2. 不同水力负荷条件下垂直流-水平流组合人工湿地动力学分析

不同水力负荷条件下的动力学分析,可更科学直观地评价工艺的处理效能,为工艺设计和运行提供参考和借鉴。常用一级动力学方程模拟,该方程的突出优点是参数求解和计算过程都较为简便。

一级动力学模型属于人工湿地的静态宏观模型,主要表达处理负荷与处理效率之间的关系,其主要假设是水流流态为稳定柱塞流、进出水流量和浓度随时间不变化等。一级动力学模型的方程为

$$C_e/C_0 = \exp(-k_V t) \tag{3-1}$$

式中:C_0,C_e 分别为进水浓度与出水浓度,mg/L;k_V 为体积去除速率常数,d^{-1};t 为表面停留时间,d,可通过 $t=V/Q$ 计算。其中,$V=\varepsilon hA$。ε 为湿地内基质孔隙率;h 为水深,m;A 为湿地床表面积,m^2;Q 为进水流量,m^3/d。假设 $k_V \varepsilon h = k$,考虑到 $A/Q=1/HLR$,HLR 为水力负荷,可将式(3-1)变换为

$$\ln(C_0/C_e) = k/HLR \tag{3-2}$$

在不同水力负荷条件下,垂直流-水平流组合人工湿地中各污染物的一级降解动力学方程见图 3-13。

由图 3-13 可知,在垂直流-水平流组合人工湿地中对 NH_4^+—N、TN、COD 及 BOD_5 降解的动力学拟合方程分别为 $\ln C_0/C_e=0.176/HLR+0.501$,$R^2=0.903$;$\ln C_0/C_e=0.211/HLR+0.223$,$R^2=0.915$;$\ln C_0/C_e=0.049/HLR+0.321$,$R^2=0.855$;以及 $\ln C_0/C_e=0.068/HLR+1.173$,$R^2=0.891$。垂直流-水平流组合人工湿地对各污染物的去除规律均较好地符合一级动力学模型。因此,可将此方程应用于研究该垂直流-水平流组合人工湿地深度处理工业园区污水处理厂尾水过程中污染物的净化规律,为人工湿地的设计和运行管理提供参考。

3.3.3 运行特性影响因素主成分分析

主成分分析反映了不同指标去除率的差异度。针对水力负荷和季节条件对 NH_4^+—N、TN、NO_2^-—N、NO_3^-—N、COD、BOD_5、TP、SS 和 pH 值 9 个水质指标去除率的影响问题,利用主成分分析(PCA)手段进行分析,研究结果见图 3-14。

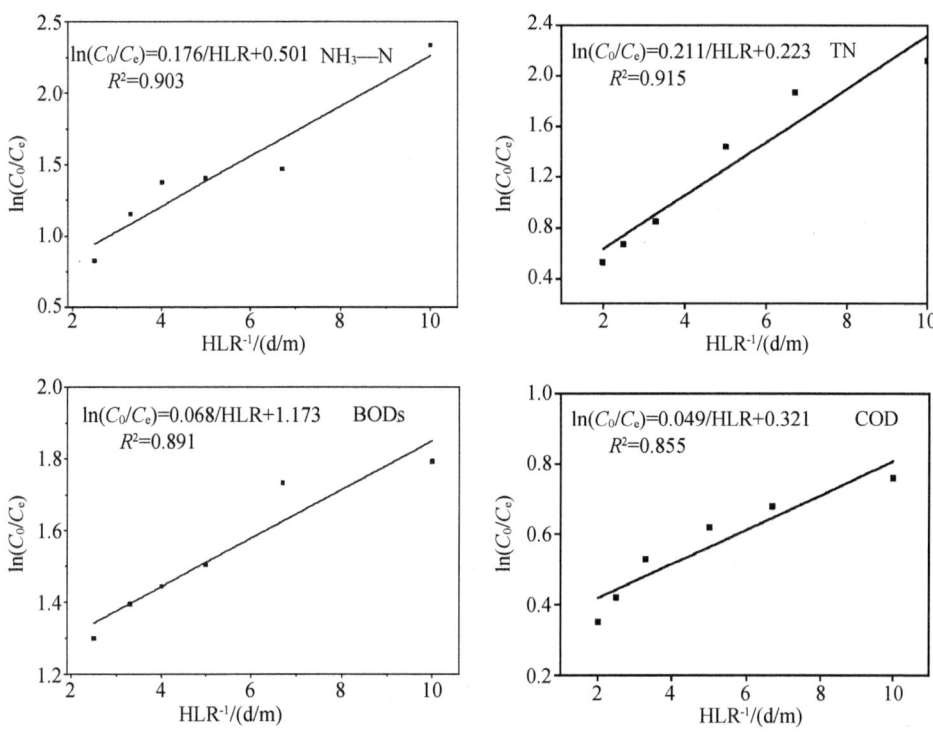

图 3-13 垂直流-水平流组合人工湿地中各污染物去除的 $\ln(C_0/C_e)$ 与 $1/HLR$ 的关系

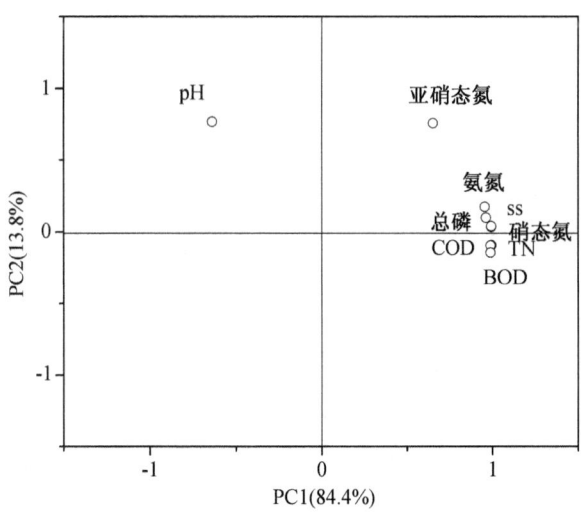

图 3-14 污染物去除率主成分分析

由图 3-14 可知,主成分 PC1 和主成分 PC2 分别含有和的差异度 84.4% 和 13.8%。因子 NH_4^+—N、TN、NO_3^-—N、COD、BOD_5、TP、SS 在 PC1 上有较高的负荷,因子 pH 值、NO_2^-—N 在 PC2 上有较高负荷。

分析显示,各个指标之间有较明显的差异,NH_4^+—N、TN、NO_3^-—N、COD、BOD_5、TP、SS 与 pH、NO_2^-—N 差异较大,这与前面水力负荷和不同季节对污染物去除效能的影响结果一致。

垂直流-水平流组合人工湿地 NH_4^+—N、TN、NO_3^-—N、COD、BOD_5、TP、SS 的去除对水力负荷的选择敏感度最高,即水力负荷增加会引起这几个指标较大的变化;而 pH 值、NO_2^-—N 则受温度影响较大,说明温度对脱氮影响较大,即冬季温度低时,氮的去除效果较差一些,这与前述结果也一致。

3.4 本章小结

本章主要构建了垂直流-水平流组合人工湿地以深度处理园区尾水,重点研究了不同水力负荷和季节条件下垂直流-水平流组合人工湿地对工业园区污水厂尾水的去除特性,并对上述因素对处理效能的影响进行了主成分分析,得到以下结果。

(1) 本章研究了不同季节对垂直流-水平流组合人工湿地运行效能的影响。2013 年 8 月 1 日至 2014 年 7 月 15 日(349 d)稳定期处理效果:夏季＞秋季＞春季＞冬季,总体上,不同季节垂直流-水平流组合人工湿地处理工业园区污水处理厂尾水达标稳定性好。进水 NH_4^+—N、TN 和 COD 以及 TP 浓度分别为 (2.31 ± 0.62) mg/L、(4.94 ± 1.83) mg/L、(35.31 ± 5.90) mg/L、(0.12 ± 0.015) mg/L;平均出水浓度为 (0.38 ± 0.15) mg/L、(1.31 ± 0.27) mg/L、(23.46 ± 2.18) mg/L、(0.02 ± 0.008) mg/L;总去除率分别为 81.04%、72.30%、33.70%、79.72%。出水水质稳定且 NH_4^+—N、TN、COD 及 TP 这些主要水质指标达到《地表水环境质量标准》中Ⅳ类水质的标准。其中 NH_4^+—N 达到《地表水环境质量标准》中Ⅲ类水质的标准;TP 达到《地表水环境质量标准》中的Ⅱ类水质的标准。

(2) 本章研究了水力负荷对垂直流-水平流组合人工湿地运行效能的影响。随着水力负荷的增加,运行效能下降。当水力负荷为 0.1～0.5 m/d 时,NH_4^+—

N、TN、COD 和 TP 的平均去除率分别达到 45.5%～90.3%、35.2%～80.6%、18.4%～40.8% 和 37.5%～87.5%；水力负荷为 0.1 m/d 时，组合工艺出水指标均符合《地表水环境质量标准》中Ⅳ类水质的标准。水力负荷为 0.2 m/d 时，除了 TN 指标，其他各指标在组合工艺中的出水浓度均符合《地表水环境质量标准》中Ⅳ类水质的标准。垂直流-水平流组合人工湿地对各污染物的去除规律均较好地符合一级动力学模型。

（3）不同污染物指标去除率的主成分分析结果显示：水力负荷和季节分别含有和的差异度 84.4% 和 13.8%。因子 NH_4^+—N、TN 和 NO_3^-—N 等的去除对水力负荷影响敏感度高；而 NO_2^-—N 则对温度影响敏感度高。

第四章
垂直流-水平流组合人工湿地微生物群落结构研究

4.1 引言

人工湿地对污染物的去除包含微生物的降解和转化、基质的吸附和过滤、植物的同化吸收三种途径,其中微生物的降解和转化是最主要的途径[31-32]。当前人工湿地微生物群落解析主要采用的是定量 PCR 技术和 DGGE 技术[53]。定量 PCR 技术可以绝对定量某些特定的基因,但无法全面揭示微生物群落信息;DGGE 作为一种传统的分子生物学技术,可以反映微生物的优势菌种,初步了解微生物群落的结构特征[51]。随着第二代高通量测序技术的发展,以 Miseq 平台为代表的高通量测序手段因其数据量大、准确度高、重复性好等优点,可更加深入地解析微生物种群。因此,综合运用以上多种分子生物学技术,能够更加全面地揭示组合湿地的微生物群落信息。

工业园区污水厂尾水具有水质水量变化大、难降解有机物含量高、C/N 比低的特点,当前对于其降解菌,还缺乏足够的数据支撑,尤其是对能代谢难降解有机物的多环芳烃(PAHs)降解菌的分布规律,鲜见报道。另外,在人工湿地系统中,微生物与污染物时空削减的相关性分析尚不明确,功能微生物的时空分布及其影响污水处理效能的机理尚缺乏系统深入的研究。

因此,本章综合运用 PCR-DGGE 和 Miseq 高通量测序技术,以及定量 PCR 技术,解析第三章所构建的垂直流-水平流组合人工湿地深度处理园区尾水的功能微生物及其分布规律,探讨功能微生物与污染物去除效能的相互关系,揭示工艺启动及运行阶段污染物沿程降解机制,为该组合工艺的实际应用和调试提供理论支撑。

4.2 试验材料与方法

4.2.1 试验装置

参照 3.2.1 小节。

4.2.2 试验材料

1. 试验药剂

微生物群落分析及功能基因定量所需主要药剂有:

(1) DNA 提取:基因组抽提试剂盒(MiniBEST Genomic DNA Extraction kit,TaKaRa,中国)。

(2) 琼脂糖凝胶电泳:琼脂糖;溴化乙啶(EB);loading buffer;TAE 醋酸电泳缓冲液(分析纯,南京百斯凯科技有限公司,中国)。

(3) PCR:10×Tag buffer;dNTP(脱氧核糖核苷三磷酸);引物 338f (5′-CCTACGGGAGGCAGCAG),518r (5′- ATTACCGCGGCTGCTGG),GC 夹(CGCCCGCCGCGCGCGGCGGGCGGGGCGGGGGCACGGGGGG)(HPLC 纯化,南京金斯瑞科技有限公司,中国);TransTag 酶(500UI,北京全式金生物科技有限公司,中国)。

(4) DGGE:丙烯酰胺;甲叉基双丙烯酰胺;50×TAE;甲酰胺;尿素;过硫酸铵(APS);四甲基乙二胺(分析纯,南京百斯凯科技有限公司,中国)等。

(5) 分子克隆:酵母提取物(Yeast Extract);胰蛋白胨(Tryptone);琼脂粉;氯化钠;氨苄青霉素(Ampicillin);IPTG;X-gal;pMD19-T vector(分析纯,南京百斯凯科技有限公司,中国等)。

(6) 定量 PCR:定量 PCR Mix 试剂盒(TransMix,北京全式金生物科技有限公司,中国)。

2. 试验仪器

微生物群落分析及功能基因定量所需主要仪器有:

荧光定量 PCR 仪(ABI7500,ABI,美国);普通 PCR 仪(Veriti™ 96,Biorad,美国);变性梯度凝胶电泳仪(Gel Doc XR,Biorad,美国);凝胶成像系统(Dcode,Biorad,美国);水平电泳仪(DG-32A,北京六一仪器厂,中国);核酸精确定量仪(Qubit 2.0 Fluorometer,Invitrogen,美国);冷冻离心机(5804 R,Eppendorf,德国);超低温冰箱(DW-86W200,海尔,中国);超净工作台(MCV-91BNN,三洋,日本);生化培养箱(MIR-554,三洋,日本)等。

4.2.3 分析方法

1. 微生物样品采集方法

在微生物时间分布的试验中,选取代表性的稳定运行期的第 90 天(2013 年 10 月 29 日,秋季),第 180 天(2014 年 1 月 27 日,冬季),第 269 天(2014 年 4 月 26 日,春季),第 339 天(2014 年 7 月 5 日,夏季)的基质生物膜样品。在空间分布的试验中,选取稳定运行期的第 339 天(2014 年 7 月 5 日,夏季)湿地系统的 8 个空间位点 V_1—V_4,H_1—H_4(图 3-1)的基质生物膜样品。即在垂直流人工湿地中沿着水流垂直方向取出微生物样品 V_1、V_2、V_3 和 V_4,在水平流人工湿地中沿着水平方向取出微生物样品 H_1、H_2、H_3 和 H_4,共 8 个样品。微生物样品保存在 -80℃冰箱中。所有试验(除高通量测序外)每次采集 3 个平行样品进行分析。

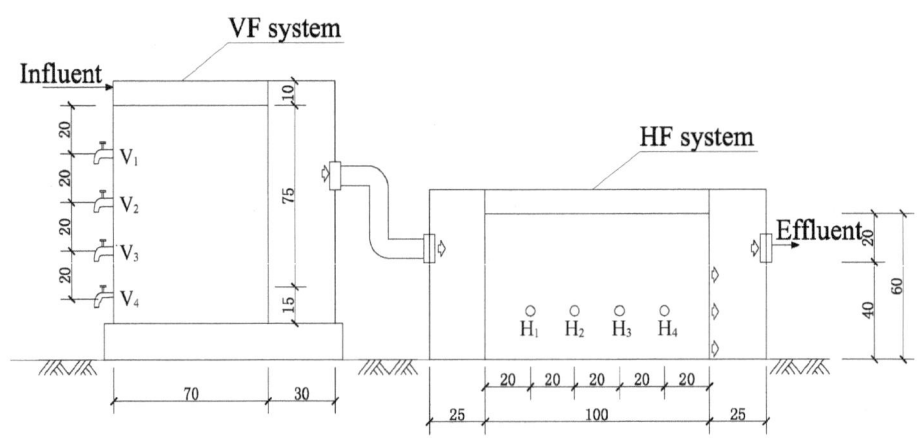

图 4-1 微生物群落结构空间样品采集点位图

2. PCR-DGGE 分析方法

使用细菌基因组提取试剂盒进行样品的 DNA 提取。将提取后的 DNA 样品保存至-20℃冰箱中。

在变性梯度凝胶电泳(DGGE)之前,以提取的基因组 DNA 为模板,用带 GC 夹的一对引物(338f,518r)进行扩增。其中模板浓度均为 20 ng/uL。PCR 的扩增程序为:94℃变性 5 min;(94℃,40 s;58℃,40 s;72℃,50 s)30 个循环扩增,最后 72℃,7 min 延伸。DGGE 试验详细步骤见参照文献(Adrados 等)[53]。将 DGGE 图谱中的特征条带在紫外线下切下,溶解于 20 μL 去离子水中,作为再次 PCR 扩增的模板,使用不带 GC 夹的引物扩增,PCR 程序同上。

3. 定量 PCR 分析方法

真细菌总数采用 16S 核糖体 DNA(简称 16S rDNA)的片段进行近似定量,引物序列同上述 DGGE 实验。利用 *amoA* 基因的丰度对硝化菌在基质中进行定量。采用引物对 *amoA* - 1F (GGGGTTTCTACTGGTGGT)和 *amoA* - 2R (CCCCTCKGSAAAGCCTTCTTC)进行扩增,PCR 扩增程序为 94℃,3 min。40 个循环:94℃,30 s;55℃,30 s;72℃,45 s(信号采集)。最后一步是从 55℃到 95℃递增,步长为 0.2℃/s,目的是得到定量 PCR 的溶解曲线用以分析扩增片段的特异性。利用 *nirK* 基因的丰度对反硝化菌在基质中进行定量。采用引物对 *nirK*876(ATYGGCGGVAYGGCGA)和 *nirK*1040(GCCTCGATCAGRT-TRTGGTT)进行扩增,PCR 扩增程序为 94℃,900 s。6 个降落循环:95℃,15 s;63℃(递减 1℃),30 s;72℃,30 s。40 个扩增循环:94℃,30 s;55℃,30 s;72℃,45 s(信号采集),溶解曲线获得方法同上。

标准曲线的绘制:首先将上述 3 个基因进行克隆,载体质粒选用 pEASY - T1 Cloning Kit (Transtaq)。克隆后载体转入 DH5α 工程菌,然后抽提质粒,根据浓度配置相差 10 倍的浓度梯度。最终得到 3 个基因的标准曲线,16S rDNA:r^2=0.99,扩增效率 100.4%;*amoA* 基因,r^2=0.991,扩增效率 95.6%;*nirK* 基因,r^2=0.99,扩增效率 99.1%。以上结果表明各目的基因的标准曲线已成功绘制。

4. 高通量测序(Miseq)分析方法

PCR 扩增及纯化:利用上下游分别带有不同的 9 碱基标签序列的 V1/V2 区引物对各样品进行 PCR 扩增,上游引物序列结构为"G+8 碱基标签序列+AGAGTTTGATYMTGGCTCAG",下游引物序列结构为"G+8 碱基标签序列+TGCTGCCTCCCGTAGGAGT"。将各 DNA 样品稀释至 20 ng/μL 作为 PCR 扩增底物模板,根据 TaKaRa Ex Taq®(TaKaRa Bio, Japan)说明书进行

PCR 扩增,单个 PCR 扩增体系体积为 50 μL,向每个 PCR 扩增体系中加入 2 μL 样品,每个样品做 4 个 PCR 平行。PCR 条件为:98℃,5 min;20 循环(98℃, 30 s;50℃,30 s;72℃,40 s);72℃,10 min。PCR 完成后将每个样品的 4 个平行 PCR 体系混合后利用 OMEGAE. Z. N. A Cycle-Pure Kit(Omega Bio-Tek, Norcross,USA)试剂盒进行 PCR 产物纯化,最终洗脱体积为 30μL。纯化后的 PCR 产物再次利用 NanoDrop®ND-1000 进行纯度检测,保证各样品的 PCR 产物的 A260/A280 介于 1.70 和 1.90 之间,再用 1%的琼脂糖凝胶电泳检测确认有 PCR 产物,之后利用 Qubit 2.0 Fluorometer(Life Technologies, Grand Island, USA)对 PCR 纯化产物进行精确定量。

建库以及 Miseq 测序:准确移取等质量的 PCR 纯化产物混合均匀,移取 100 ng 混合样品,根据 Truseq® DNA HT Sample Prep Kit(Illumina, San Diego, USA)的标准流程进行建库。建库完成后利用 2100 Bioanalyzer(Agilent Technologies, Santa Clara, USA)进行芯片电泳以确认建库成功。同时再次使用 Qubit 2.0 Fluorometer 对文库进行精确定量。严格遵循 Miseq_Preparing DNA for Miseq 说明书中的步骤将建库成功的文库按比例混合、变性并稀释至终浓度 8pM 后进行 Miseq 上机测序。

序列分析:通过 Sickle 软件(https://github.com/najoshi/sickle)去除低质量序列,后利用 Mothur 软件包(http://www.mothur.org/wiki/Main_Page)对测序数据按样品筛分,正反向标签序列、正向引物、反向引物允许的碱基错误数分别为 0、2、1,然后按照 Mothur 官网提供的标准流程(http://www.mothur.org/wiki/MiSeq_SOP)对各样品数据进行降噪处理,最终提取各样品数据后用本地版 RDP classifier(http://sourceforge.net/projects/rdp-classifier)对降噪后的数据进行比对分析,获得样品中微生物群落的结构信息。

4.3 结果与讨论

4.3.1 微生物功能基因数量与工艺运行效能的关系

以第三章构建的垂直流-水平流组合人工湿地为对象,在水力负荷范围为 0.1 m/d 的条件下,垂直流-水平流组合人工湿地中的植物为芦苇,基质为石英砂滤料。在此基础上,综合运用多种分子生物学技术,解析垂直流-水平流组合人工湿地的功能微生物及其分布规律,探讨功能微生物与工艺运行效能的相互关系。

1. 微生物功能基因数量随季节变化的规律及其与工艺运行效能的关系

本章考察了不同季节(温度)对各类微生物功能基因数量的影响。虽然已有报道证实温度对人工湿地系统中反硝化基因丰度具有比较明显的影响[131]。然而,温度与各类微生物丰度之间的相关性尚缺少明确分析。试验微生物样品取自稳定运行期的第90天(2013年10月29日,秋季),第180天(2014年1月27日,冬季),第269天(2014年4月26日,春季),第339天(2014年7月5日,夏季),不同季节细菌数量的比较见表4-1。

表4-1 不同季节条件下微生物功能基因数量比较　　单位:个/g基质

时间	2013年10月29日 秋季[(25±4)℃][a]		2014年1月27日 冬季[(12±2)℃]		2014年4月26日 春季[(24±5)℃]		2014年7月5日 夏季[(28±2)℃][c]	
	VF[b]	HF[b]	VF	HF	VF	HF	VF	HF
16S($\times 10^6$)	9.8	11.2	7.9	8.8	9.4	10.5	12.4	13.1
$amoA$($\times 10^2$)	1.9	1.8	1.6	1.3	1.9	1.6	2.2	2.0
$nirK$($\times 10^4$)	46	102	38	67	52	105	58	115

注:a. 中试试验实测水温。
　　b. VF样品以V_1为代表,HF样品以H_1为代表。
　　c. 该时间细菌数量最多且出水水质稳定。在该时间点进一步考察了微生物数量及菌群结构的空间沿程变化(Miseq,在4.3.2节中将进一步研究讨论)。

由表4-1可知,垂直流-水平流组合人工湿地中微生物总数,随着季节温度变化有一定的改变,且随着温度的升高而升高。这与第三章组合湿地系统的脱氮能力与季节变化情况相符,然而,整体差异并不明显。相比之下,硝化菌的差异变化更加不明显,而反硝化菌的变化明显。Chon等[131]的研究证明硝酸盐还原基因$narG$,即$narG$型反硝化菌丰度会随着温度升高(季节变化)而降低,而本研究中亚硝酸盐还原基因$nirK$则随着温度升高而增加。分析这两者结果并不矛盾,因为很多种类的反硝化菌并不同时具有这两种基因,$nirK$基因丰度增高,表明系统的亚硝酸盐积累低,更有益于TN的去除。

第三章3.3.1节表明季节变化对垂直流-水平流组合人工湿地系统污染物去除效果有一定的影响,其本质仍是因为系统中微生物受到温度变化的冲击,使得其活性及对污染物的降解能力受到影响[132]。对多种类型湿地系统的微生物群落结构进行过考察，其中冬季的生物多样性要低于夏季，说明低温效应淘汰或抑制了部分微生物[133]。然而，即便是在温度条件最差的冬季，本研究中的湿地系统仍能维持较高的污染物去除率，以保障工艺的运行特性。这可能由于：(1)所构建的组合湿地中微生物群落已经形成比较完善、稳定的综合体系，具备一定的逆境缓冲能力，保证了污染物去除效能；(2)微生物主要分布于地下部分的基质表面，相比地上部分，更易被保护，且地下部分可维持一定的温度，保证微生物活性的发挥；(3)植物的根区温度受冬季影响相对较小，因此仍能够为微生物提供输氧及碳源的分泌，使得微生物的硝化、反硝化过程得以维持。

垂直流人工湿地中温度条件与功能基因丰度皮尔森相关性分析见表4-2。

表4-2 垂直流人工湿地中温度条件与功能基因数量相关性分析

项目	温度	16S基因	$amoA$基因	$nirK$基因
温度	1.000			
16S基因	0.853	1.000		
$amoA$基因	0.725	0.973*	1.000	
$nirK$基因	0.895	0.902	0.789	1.000

注：*表示$p<0.05$，显著正相关。

由表4-2可知，构建的垂直流人工湿地中各功能基因与温度变化呈现一定正相关，但相关性并不显著，表明在构建的垂直流人工湿地中，温度对微生物数量并没有起决定作用。而$amoA$基因数量和16S基因数量两者显著相关（$p<0.05$），说明组合湿地系统硝化作用与微生物生长总量呈正相关。

构建的水平流人工湿地中的温度条件与功能基因丰度皮尔森相关性分析见表4-3。

表4-3 水平流人工湿地中温度条件与功能基因数量相关性分析

项目	温度	16S基因	$amoA$基因	$nirK$基因
温度	1.000			
16S基因	0.912	1.000		
$amoA$基因	0.862	0.994^	1.000	

续表

项目	温度	16S 基因	amoA 基因	nirK 基因
nirK 基因	0.993^	0.904	0.851	1.000

注：^表示 $p<0.01$，极显著正相关。

由表 4-3 可知，在构建的水平流人工湿地中，各功能基因数量与温度变化也呈现一定正相关，其中，nirK 基因与温度呈极显著正相关（$p<0.01$），该结果与表 4-1 一致，即反硝化菌受不同季节（温度）变化影响较大。

综合比较构建的垂直流人工湿地和水平流人工湿地，水平流中微生物数量与温度的相关性更加明显，垂直流中两者的相关性相对较弱。相关性分析表明，各类微生物数量与温度变化呈现较为明显的相关性，但总体的差异并不明显，即本研究中，季节（温度）变化对湿地系统中微生物数量的影响较小。这可能由于：(1) 本次构建的垂直流-水平流人工湿地处于稳定运行阶段，微生物群落结构相对稳定，不易受温度变化影响；(2) 虽然水温有明显变化，但微生物的生存空间-湿地基质所在的床体本身具备一定的保温功能；(3) 植物根系在基质中的生长维持了微生物系统的相对稳定。正是由于该组合湿地系统中功能基因数量受外界温度变化影响相对较小，保证了组合湿地对污染物去除能力的稳定性。

2. 微生物功能基因的空间分布规律与工艺运行效能的关系

(1) 垂直流-水平流组合人工湿地中污染物空间动态去除规律

① 人工湿地系统内 NH_4^+—N、TN 沿程去除效果

硝化作用决定了人工湿地对 NH_4^+—N 的去除效果，构建的垂直流-水平流组合人工湿地中 NH_4^+—N 空间沿程去除效果见图 4-2。

由图 4-2 可知，垂直流-水平流组合人工湿地对 NH_4^+—N 具有良好的去除能力，这与高春芳等的研究结果一致[134]。NH_4^+—N 浓度由进水的 1.75 mg/L 下降到 0.17 mg/L。分析原因：一方面，垂直流人工湿地的布水方式与表面流的地表推流方式相比更有利于复氧和微生物硝化作用的进行。另外一方面，由于硝化过程中要消耗碱，当进水 pH 值保持在 7.0~7.8 时，硝化细菌活性最强。本研究中进水的 pH 值平均为 7.41±0.36，呈弱碱性，这也是造成人工湿地系统高 NH_4^+—N 去除率的重要因素[135]。

在构建的垂直流人工湿地中，由于表层与深层的富氧环境条件好，硝化细菌活性较强，造成 NH_4^+—N 的去除率均高于中部。另外，由于垂直流湿地表层水

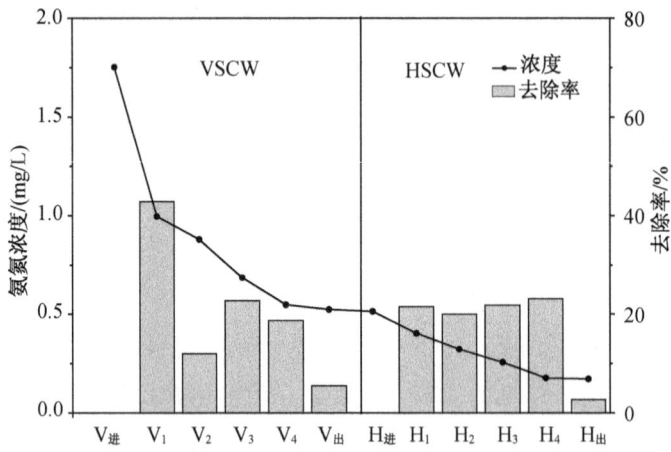

图 4-2　垂直流-水平流组合人工湿地中 NH_4^+—N 空间沿程去除规律

体携带湿地基质表面有机氮进入床体,形成一个有机悬浮物积累带,并且逐渐氨化为 NH_4^+—N,导致中部 NH_4^+—N 去除率下降[136]。水平流人工湿地对 NH_4^+—N 的去除效率低于垂直流人工湿地,这主要是由水平流人工湿地较弱的复氧能力决定的[137]。垂直流人工湿地对 NH_4^+—N 的去除贡献率(占组合湿地系统)为 79.2%,效果优于水平流人工湿地。

人工湿地对 TN 的去除依次需经过硝化作用及反硝化作用,使污水中各种价态氮素污染物均转变为气态氮(N_2),从而达到脱氮的目的。其中硝化作用是为反硝化作用创造条件,反硝化作用才能彻底将硝态氮从污水中去除。有研究表明,基质吸附及植物摄取对 TN 的去除能力较弱,因此本研究未做考虑[138]。垂直流-水平流组合人工湿地中 TN 空间沿程去除效果见图 4-3。

由图 4-3 可知,TN 在构建的垂直流-水平流组合人工湿地内得到了很好的去除,由进水的 3.7 mg/L 迅速下降至 0.69 mg/L,去除率达到了 81.2%。这说明组合人工湿地具有良好的脱氮能力。Babatunde 等研究结果表明组合人工湿地对 TN 的去除可以达到 90% 以上,优于本研究结果[139]。这可能是由于该研究采用了间歇曝气及分段进水等方式,强化了湿地微生物的硝化及反硝化活性。垂直流人工湿地主要发生硝化反应,将 NH_4^+—N 转化为硝态氮。尤其在前部(见 V_1),硝态氮浓度明显升高,由 1.2 mg/L 上升至 1.8 mg/L,接着出现缓慢下降,表明垂直流人工湿地也发生了一定的反硝化反应,硝态氮的生成量小于消耗

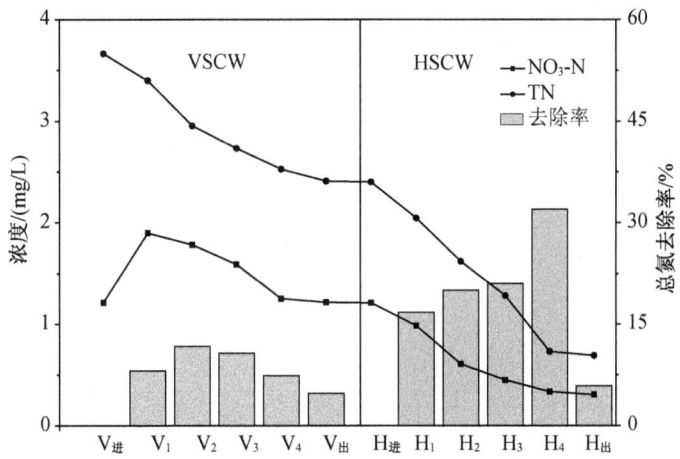

图 4-3 垂直流-水平流组合人工湿地中 TN 空间沿程去除效果

量。在垂直流人工湿地中,TN 有了初步去除。而在水平流人工湿地中,TN 浓度大幅度降低,同时硝态氮降低较快,表明在水平流人工湿地中反硝化菌有较强活性,进行反硝化反应将硝态氮转化为氮气。研究表明,垂直流人工湿地在输氧能力上比较突出,有利于好氧微生物的生长和硝化反应的进行[140],而水平流人工湿地则相反,系统内充氧不充分,容易形成厌氧区域,为反硝化菌的生长提供条件,有利于反硝化反应的进行[141]。研究表明,组合湿地工艺对微污染水中 NH_4^+—N 与 TN 的去除率可以达到 50% 左右,在水平流人工湿地中检测到丰富的反硝化菌[142]。高春芳等进一步比较了水平流人工湿地与垂直流人工湿地对猪场养殖废水的净化效果,发现垂直流人工湿地具有较强的好氧硝化能力,有良好 NH_4^+—N 去除能力[134]。因此,垂直流人工湿地与水平流人工湿地的组合既可以创造适宜硝化细菌生长的好氧环境,同时反硝化反应也能顺利进行,具有良好的脱氮能力[143]。相比垂直流人工湿地,水平流人工湿地对 TN 去除的贡献率为 63.5%,反硝化效果好。

同时,经过垂直流人工湿地处理后,碳源被消耗,可能导致尾水进入水平流时(反硝化所需)碳源不足,通过构建组合湿地并优化其进水方式,可在一定程度上弥补反硝化细菌所需的碳源[144]。

② 人工湿地系统内 COD 沿程去除效果

在人工湿地中,COD 主要通过滤料的截留、过滤和微生物的降解而去除[145]。VF-HF组合湿地系统中COD随水流方向呈下降趋势,这表明垂直流-水平流组合人工湿地对有机物均有去除能力。垂直流-水平流组合人工湿地中COD空间沿程去除效果见图4-4。

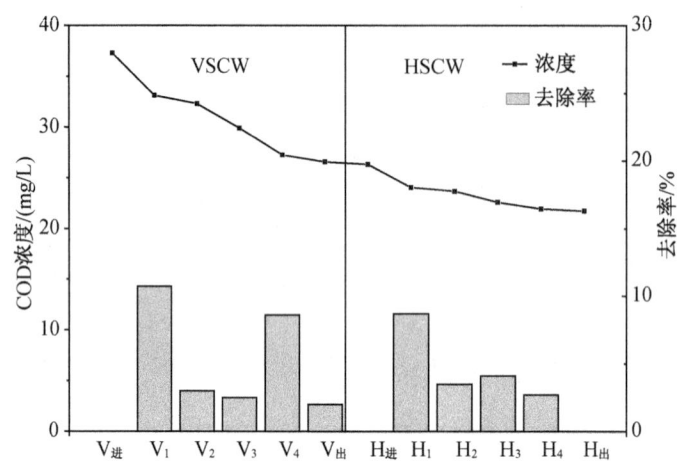

图4-4 垂直流-水平流组合人工湿地中COD空间沿程去除效果

由图4-4可知,在垂直流人工湿地中,表层及深层(V_1处和V_4处)对COD均保持较好去除效果。在水平流人工湿地中,COD的去除量相对较小,仅从进水COD浓度的26 mg/L下降至21.7 mg/L。垂直流人工湿地中表层复氧能力较强,为好氧微生物的生长提供持续的好氧环境[146]。植物对于COD的去除重点集中于植物根系周围,空气中的氧通过植物的新陈代谢过程从茎、叶输送到根区部分,这就为根系和基质上微生物群落聚集、生长繁殖提供了良好的微生态环境。因此垂直流人工湿地表层及深层对COD的去除起主要作用。相对于垂直流人工湿地,水平流人工湿地一般处于缺氧状态,富氧能力差,无法满足去除有机物的富氧环境的要求。因此,垂直流人工湿地对COD的去除贡献率(占组合湿地系统)为73.6%,效果优于水平流人工湿地。COD的去除主要集中发生在垂直流人工湿地段,水平流人工湿地段对出水COD起到了稳定作用。

③ 人工湿地系统内TP沿程去除效果

垂直流-水平流组合人工湿地中TP空间沿程去除效果见图4-5。

由图4-5可知,垂直流-水平流组合人工湿地中TP经过处理后,TP由进水浓度0.05 mg/L降低到出水时的0.02 mg/L。其中在垂直流人工湿地中,表层

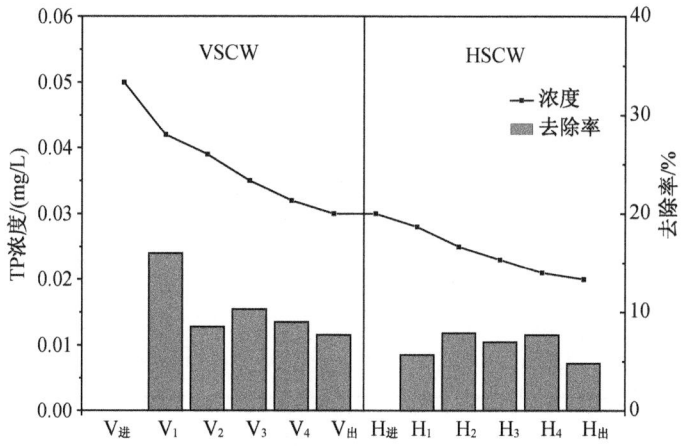

图 4-5 垂直流-水平流组合人工湿地中 TP 空间沿程去除效果

(V_1 处)TP 的去除率较高,随后有所降低。而在水平流人工湿地中,TP 的去除率相对稳定,但整体比垂直流人工湿地低。人工湿地对 TP 的去除主要包括微生物同化、沉积物形成和植物吸收等,其中植物根际微环境,特别是植物与微生物的耦合作用是人工湿地高效除磷的主要原因。由于尾水中部分非溶解态 TP 存在于 SS 中,经人工湿地后大部分位于 SS 中的 TP 经沉淀而去除,因此在垂直流表层中磷的去除率较高。研究发现,垂直流人工湿地的良好的水流方式使污水与滤料传质更加充分,有利于滤料对磷的吸附与沉淀[112]。垂直流人工湿地对 TP 的去除贡献率(占组合湿地系统)为 60%,效果优于水平流人工湿地。因此,垂直流-水平流组合人工湿地中的垂直流人工湿地对 TP 的去除起主要作用。

(2) 微生物功能基因空间分布规律对组合工艺运行效能的作用

功能微生物在湿地基质的空间沿程分布主要由两方面因素所决定:一方面,空间位点的环境变化,如氧气、植物根系差异等,使得微生物的生长条件具有较大差别;另一方面,尾水流经基质后,污染物的逐级递减使得微生物所利用的底物具有明显差异性。对垂直流-水平流组合人工湿地沿程距离,V_1—V_4 和 H_1—H_4(分别为垂直流深度 20 cm、40 cm、60 cm 和 80 cm,水平流距离 20 cm、40 cm、60 cm 和 80 cm)各点的功能基因数量进行考察,功能基因数量空间分布趋势与相应污染物削减关系见图 4-6。

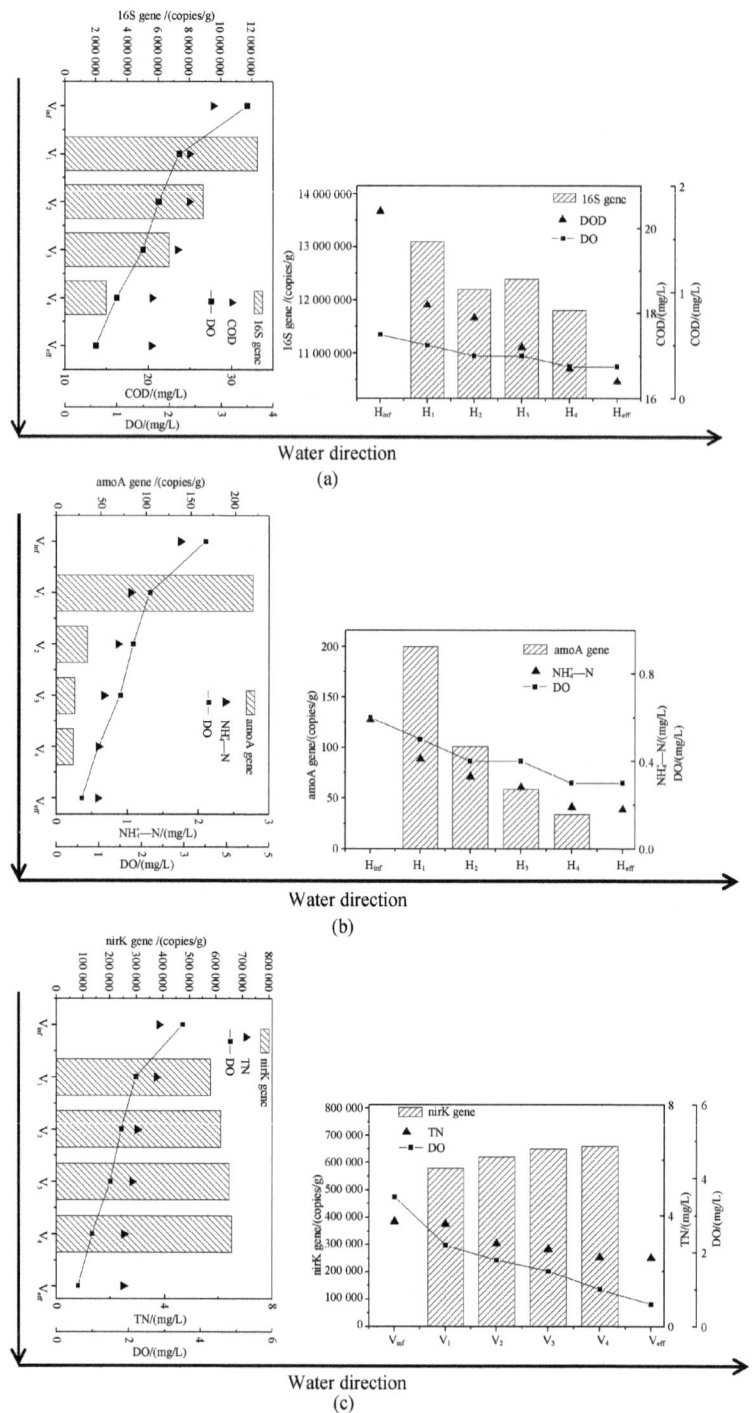

图 4-6 功能基因空间分布与污染物空间削减关系

由图 4-6(a)可知,微生物总量(以 16S 基因数量近似表征)在垂直流人工湿地中随着基质深度加深而逐渐减少,表层比底层高出近一个数量级。这是由于表层和底层的氧气浓度差异及水质的逐级变化所导致的。同时,总细菌量(以 16S 基因丰度表征)与 COD 的去除呈现比较明显的相关性,在总细菌量沿程变化较大的垂直流人工湿地中,各点的 COD 削减量也相差较大;相反,在总细菌量沿程变化较少的水平流人工湿地中,COD 削减量也相差较小。这说明 COD 削减的主要贡献者是微生物,且主要发生在垂直流人工湿地中。

硝化菌数量(以 $amoA$ 基因数量近似表征)在垂直流人工湿地中随着基质深度增加而显著降低,其中从 20 cm 至 40 cm 层的降低尤为明显。硝化基因 $amoA$(主要代表亚硝化菌类)主要分布在 VF 的表层,这与 NH_4^+—N 进入 VF 即迅速被削减密切相关,硝化菌数量在水平流人工湿地中同样也逐步降低,这可能是由 NH_4^+—N 在尾水沿程变化过程中逐渐降低所导致的。图 4-6(b) 为 NH_4^+—N 的空间削减效应,在垂直流人工湿地中削减较多,且在表层尤为明显,这与垂直流人工湿地中硝化菌的分布规律一致,即表层硝化菌较多,对 NH_4^+—N 的削减贡献最大,而达深层后迅速减少,该结果与 Wang 等[71]的研究一致,且更清晰地反映了硝化菌的垂直分布变化趋势。

随着水流方向,反硝化菌数量在垂直流人工湿地和水平流人工湿地中均呈现缓慢升高趋势。总体上,水平流人工湿地中反硝化菌数量显著高于垂直流人工湿地。如图 4-6(c)所示,TN 的去除主要发生在水平流人工湿地,削减幅度(斜率)较大,且各空间位点的削减幅度相似。这与反硝化菌丰度在水平流中的变化趋势相符,具有良好的正相关,也说明反硝化菌是该湿地系统中 TN 削减的主要贡献者。

现有关于功能微生物丰度的报道,仍缺乏与空间分布,即沿程(水流)距离的相关性分析的系统的研究。

垂直流人工湿地中不同空间分布与功能基因数量相关性分析见表 4-4。

表 4-4 垂直流人工湿地中不同空间分布与功能基因数量相关性分析

项目	距离	16S 基因	$amoA$ 基因	$nirK$ 基因
距离	1.000			
16S 基因	−0.995^	1.000		

续表

项目	距离	16S 基因	amoA 基因	nirK 基因
amoA 基因	−0.815	0.812	1.000	
nirK 基因	0.970*	−0.952*	−0.913	1.000

注：1. ^表示 $p<0.01$，极显著负相关。

2. *表示 $p<0.05$，显著正相关。

由表 4-4 可知，在垂直流人工湿地中，三种基因与基质深度均呈现一定相关性，其中，16S 基因与基质深度极显著负相关（$p<0.01$），表明总细菌量随着深度增加而逐步减少。nirK 基因与基质深度显著正相关（$p<0.05$），随深度增加而逐步增加。相比之下，amoA 基因数量与深度相关性较弱，这是由于硝化菌在垂直流表层富集，其数量随深度增加而急剧减少。

水平流人工湿地中不同空间分布与功能基因数量相关性分析见表 4-5。

表 4-5 水平流人工湿地中不同空间分布与功能基因数量相关性分析

项目	距离	16S 基因	amoA 基因	nirK 基因
距离	1.000			
16S 基因	−0.878	1.000		
amoA 基因	−0.954*	0.916	1.000	
nirK 基因	0.408	−0.518	−0.658	1.000

注：*表示 $p<0.05$，显著相关。

由表 4-5 可知，在水平流人工湿地中，amoA 基因与沿程距离呈显著负相关（$p<0.05$），表明硝化菌数量沿水流方向逐渐降低（也暗示着 NH_4^+—N 浓度逐步降低），而反硝化菌逐步起主导作用。

功能基因数量与垂直流-水平流组合人工湿地中 DO 之间的相关性见表 4-6。

表 4-6 垂直流人工湿地中不同空间 DO 值与功能基因数量相关性分析

项目	DO	16S 基因	amoA 基因	nirK 基因
DO	1.000			
16S 基因	0.999^	1.000		
amoA 基因	0.796	0.812	1.000	
nirK 基因	−0.949	−0.952	−0.913	1.000

由表 4-6 可知,在垂直流人工湿地中,16S 基因数量(细菌总量)与 DO 呈极显著正相关($p<0.01$),其他功能基因与 DO 相关性不显著。

表 4-7　水平流人工湿地中不同空间 DO 值与功能基因数量相关性分析

项目	DO	16S 基因	amoA 基因	nirK 基因
DO	1.000			
16S 基因	0.976*	1.000		
amoA 基因	0.927	0.916	1.000	
nirK 基因	−0.397	−0.518	−0.658	1.000

在水平流中,同样是 16S 基因数量(细菌总量)与 DO 呈显著正相关($p<0.05$),其他功能基因与 DO 相关性不明显。

上述研究表明,垂直流-水平流组合人工湿地中功能基因数量随时间、空间变化较为明显。结果表明,相比时间变化,微生物功能基因数量与垂直流-水平流组合人工湿地空间变化相关性更为密切,且对于不同空间位点,污染物的空间削减效能差异明显。因此,为进一步揭示微生物在垂直流-水平流组合人工湿地内的空间分布规律及作用机制,考察了微生物群落结构的空间变化情况。

4.3.2　微生物群落结构的空间变化解析及其与工艺运行效能之间的关系

微生物功能基因的数量反映垂直流-水平流组合人工湿地针对某一污染物的去除能力,而组合湿地中微生物群落结构则更体现了微生物的综合情况。不同于完全混合的生物反应器,人工湿地中的空间状态相对稳定,因此,各空间位点的微生物群落结构也较为稳定。

1. PCR-DGGE 群落结构的结果分析

PCR-DGGE 是一种传统的分子生物学技术,可以反映微生物的优势菌种,初步了解微生物群落的结构特征。在初步了解群落结构后,再进行全面的 Miseq 测序表征丰度。

首先,采用 PCR-DGGE 方法来分析细菌群落在该垂直流-水平流组合人工湿地中的空间分布。8 个样品(V_1—V_4,H_1—H_4)的 DGGE 指纹图谱见图 4-7。

由图 4-7 可知,泳道 V_2 比其他垂直流人工湿地相应的泳道有更多的可见条带,说明 V_2 位置细菌多样性最高。

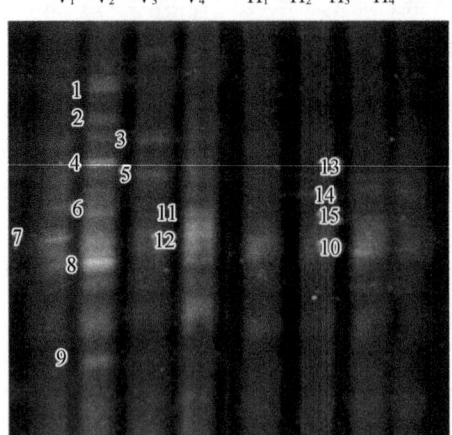

图 4-7 湿地系统中微生物群落结构，DGGE 指纹图谱

（注：V_1—V_4 为垂直流，H_1—H_4 为水平流）

对该 15 个代表性条带都进行了测序及序列比对（BLAST），其结果见表 4-8。

表 4-8 DGGE 特征条带测序分析

No.	Closest species*	Classification
1	*Pseudomonas sp.* strain KB740	*Gammaproteobacteria*
2	*Bifidobacterium breve* ACS-071-V-Sch8b	*Actinobacteria*
3	*Bacillus megaterium* DSM 319	*Firmicutes*
4	*Modestobacter marinus*	*Actinobacteria*
5	*Bacillus pumilus* SAFR-032	*Firmicutes*
6	*Veillonella parvula* DSM 2008	*Firmicutes*
7	*Rubrobacter xylanophilus* DSM 9941	*Actinobacteria*
8	*Corynebacterium urealyticum* DSM 7109	*Actinobacteria*
9	*Nitratifractor salsuginis* DSM 16511	*Epsilonproteobacteria*
10	*Actinoplanes sp.* SE50/110	*Actinobacteria*
11	*Pseudomonas denitrificans* ATCC 13867	*Gammaproteobacteria*
12	*Geodermatophilus obscurus* DSM 43160	*Actinobacteria*
13	*Streptosporangium roseum* DSM 43021	*Actinobacteria*
14	*Tolumonas auensis* DSM 9187	*Gammaproteobacteria*
15	N.A.**	—

注：1. *所列菌株相似度≥96%。

2. **N.A. 未鉴定出相似菌种。

由表 4-8 可知,垂直流-水平流组合人工湿地中的微生物群落主要为放线菌门、厚壁菌门及变形菌门,其中变形菌门中的主要群落为 γ 和 ε 变形菌亚门。

在垂直流人工湿地中,与条带 1 亲缘关系最近的菌株为 *Pseudomonas sp.* strain KB740,是一株参与有机氟降解的细菌。表明在垂直流人工湿地系统中,可能存在有机氟化合物的生物降解过程,这与原水中含大量氟离子有关。与条带 3 亲缘关系最近的是巨大芽孢杆菌(*Bacillus megaterium*),该类微生物广泛存在于土壤,并且具有极强的降解有机磷能力,为组合工艺高效去除 TP 提供支撑。条带 4 被鉴定为 *Modestobacter marinus*,它是一种需氧的,属于 *Geodermatophilaceae* 的放线菌。Normand 等[147]发现这种细菌可生长在有机碳源很低的砾石的表面上,这一点与 SEM 结果相符,垂直流人工湿地中的滤料主要为石英砂,该细菌才得以滤料生物膜的方式富集,这一点体现了滤料选择的合理性,该种放线菌为组合工艺高效去除有机物提供了支撑。条带 5 和短小芽孢杆菌亲缘关系密切,可有效水解纤维素、木质素和甘露聚糖等,湿地系统中存在大量植物根系(即细胞壁),这类细菌很可能与植物的根系共生,参与降解植物的代谢产物(包括细胞壁)等,用以补充反硝化所需的有机碳源。Vaishampayan 等[148]报道称,该短小芽孢杆菌能耐受不利条件,如低养分的生存条件,该菌种的存在说明第二章构建的垂直流-水平流组合人工湿地中菌种已经适应园区尾水水质,菌群结构稳定。与条带 7 的系统发生关系最近的是 *Rubrobacter xylanophilus* DSM 9941,该菌株属于放线菌,红色杆菌属,其具有一定的耐盐能力,原因是工业园区二级生化尾水中盐度(TDS)较高,该菌种的存在说明微生物菌群对尾水适应性好,有利于提高整体工艺对污染物的去除。条带 8 也主要出现在垂直流人工湿地中,它代表一类好氧菌 *Corynebacterineae*,能水解尿素及一些有机氮化合物,产生 NH_4^+—N(但不能进行反硝化作用),即可以行使生物氨化功能。条带 9 与某种亚硝化杆菌(*Nitratifractor salsuginis*)关系较近,它在硝化过程中起到了关键作用,这一点证明了垂直流人工湿地 NH_4^+—N 去除率高,硝化效果好。值得注意的是,这种类型的芽孢杆菌主要出现在 V_2 位置点,说明该点硝化潜力较高,也为垂直流-水平流组合人工湿地提高硝化效果和准确调控提供了依据。条带 9 和 11(*Pseudomonas denitrificans*)主要在垂直流人工湿地中,意味着垂直流人工湿地中可进行硝化和反硝化作用。以上研究说明该垂直流-水平流组合人工湿地中垂直流人工湿地单元具有较为完善的适应园区尾水水质的特点且难降解有机物去除率高、硝化效果好的微生物群落结构。

在水平流人工湿地中,条带 13(*Streptosporangium roseum*)是一种反硝化菌(还原硝酸盐)。条带 14(*Tolumonas auensis*)具有在缺氧条件下把高分子有机物转化为乙酸乙酯和乙醇的能力,可为反硝化过程提供优质碳源。在水平流人工湿地的缺氧条件下,条带 13 和条带 14 细菌都相对丰富,这一点解释了水平流人工湿地反硝化效果好,对 TN 的去除率高的原因,也为垂直流-水平流组合人工湿地提高反硝化脱氮效果和准确调控提供依据。

经过 PCR-DGGE 的分析,结果表明:有机污染物的降解和矿化主要发生在垂直流人工湿地,有机物的降解和矿化为生物脱氮提供了优质碳源,氨氧化菌主要分布在垂直流人工湿地,因此有机物矿化和氨氧化都发生在垂直流人工湿地中;而反硝化细菌主要富集在水平流人工湿地单元。结合 3.3.1 节脱氮的效果,NH_4^+—N 和 TN 在垂直流-水平流组合人工湿地中得到了很好的去除,其中 NH_4^+—N 浓度由最初的 1.75 mg/L 下降至 0.17 mg/L。在进水 TN 浓度为 3.7 mg/L 条件下迅速下降到 0.70 mg/L,总去除率达 81.2%。原因主要是:(1)垂直流人工湿地富氧能力强,能实现有机物的降解和矿化,能持续提供好氧微生物生长繁殖所需要的条件,硝化细菌活性较强,可将 NH_4^+—N 转化为 NO_3^-—N,实现有机物的去除或矿化;(2)水平流人工湿地单元中的缺氧环境,以及来自垂直流人工湿地段的简单有机物,有利于反硝化细菌的生长和富集,因此,在水平流人工湿地单元中能有效通过反硝化去除 NO_3^-—N,最终实现对 TN 的去除。

2. Miseq 高通量测序结果分析

通过 PCR-DGGE 试验的初步结果,微生物群落结构分布相对固定,功能微生物的空间分布支撑了垂直流-水平流组合人工湿地对污染物的高效去除和稳定达标。为了进一步全面解析垂直流-水平流组合人工湿地中微生物群落丰度的变化规律,揭示微生物菌群结构对污染物空间的梯度削减效应,本章进行了基于 16S 基因的高通量测序分析。

(1)人工湿地微生物群落结构空间演变规律分析

首先,对湿地系统各空间位点(V_1, V_2, V_3, V_4;H_1, H_2, H_3, H_4)进行了基于门水平的汇总分析。垂直流人工湿地系统不同深度位置的微生物类别比较见图 4-8。

由图 4-8 可知,垂直流人工湿地的四个样品中,变形菌、拟杆菌和放线菌占主导地位(80%以上)。其中,变形菌的丰度随着垂直流人工湿地深度(沿水流方

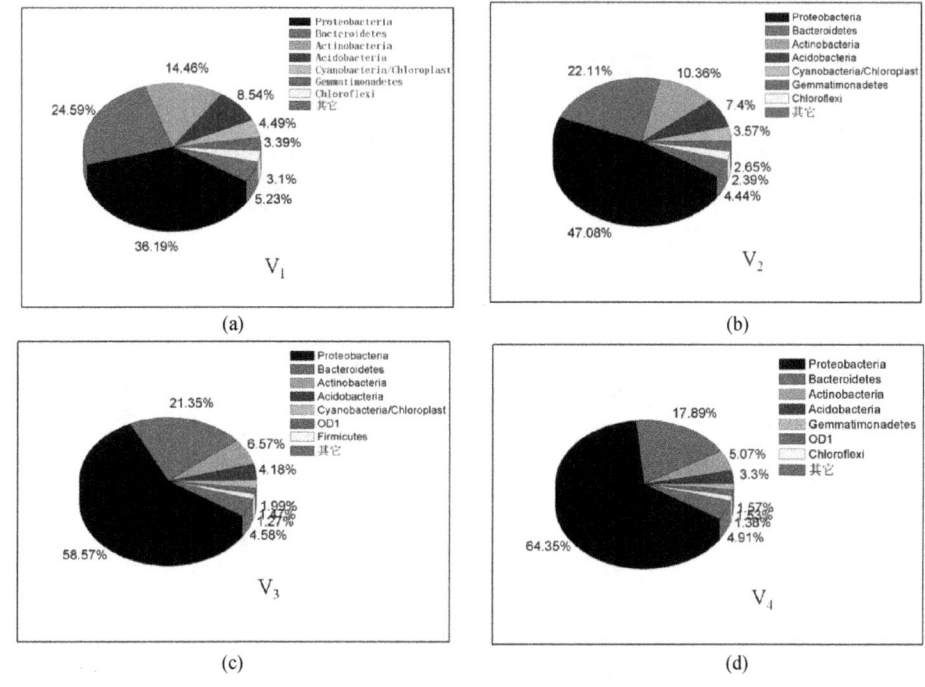

图 4-8　垂直流人工湿地系统不同深度位置的微生物类别比较

向)的逐渐增加而增加,从垂直1(即 V_1)的36.19%增至垂直4(即 V_4)的64.35%。而拟杆菌和放线菌则随着垂直流深度的增加而相应减少。

Arroyo 等[59]的结果表明不论何种类型湿地系统,变形菌(*Proteobacteria*)都占主导地位,且在各类湿地中的丰度约为50%～61%。本研究进一步揭示了垂直流人工湿地不同空间位置的变形菌丰度的变化规律,变形菌主要分布在垂直流人工湿地的底层。原因是随着垂直流人工湿地取样点位深度增加(V_1至V_4),垂直流人工湿地中DO值的下降和污染物大量的去除,更适合大量厌氧的变形菌门的微生物生长,从而导致微生物丰度增加,强化了垂直流人工湿地对工业园区污水处理厂尾水的适应性并增强了对污染物的去污效果。

水平流人工湿地系统沿水流方向的微生物类别比较见图4-9。

由图4-9可知,水平流人工湿地中变形菌、拟杆菌和放线菌占主导地位(80%以上),这与其在垂直流人工湿地中的分布规律一致。从水平1(即 H_1)至水平4(即 H_4)位点,随着水平距离的增加(水流方向),变形菌丰度有一定的增加,但变化规律并不明显。其他类别的微生物没有明显的变化趋势。分析原因

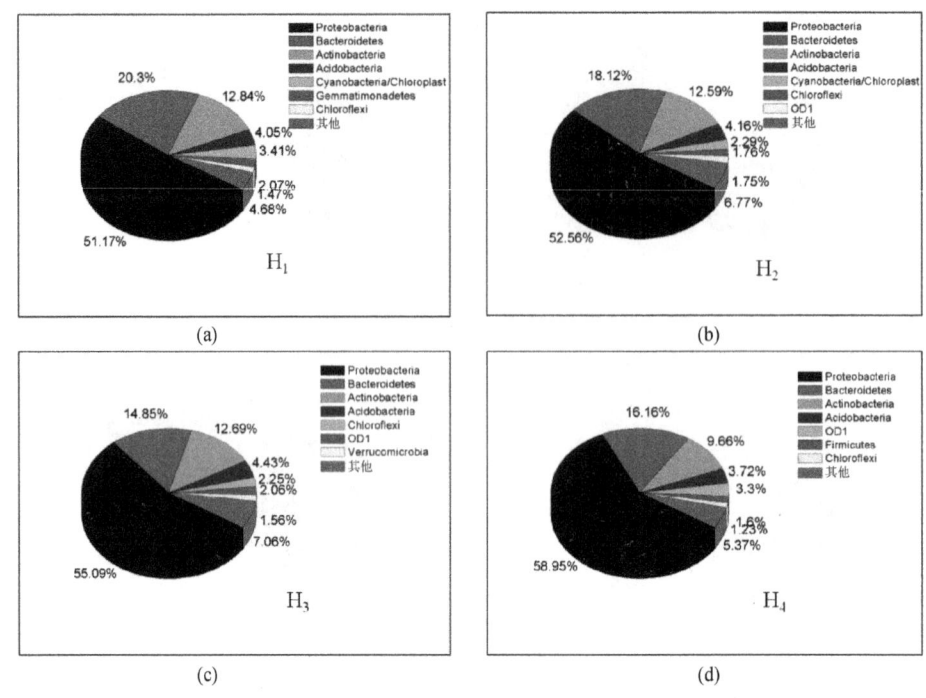

图 4-9 水平流人工湿地系统沿水流方向的微生物类别比较

主要是因为在水平流人工湿地中,不同水平距离的微生物群落生长环境,包括溶解氧和污染物浓度等差异性变化没有垂直流人工湿地明显。

变形菌是一类代谢多样化的菌群,主要负责体系中包含碳、氮等元素在内的物质循环,可体现系统的生物代谢活性。因此,结合垂直流-水平流组合人工湿地中的8个样品中变形菌的分布情况,构建的垂直流-水平流组合人工湿地中变形菌丰度较高,且沿水流方向有增加趋势,说明垂直流-水平流组合人工湿地对工业园区污水处理厂尾水的针对性强,提高了污染物去除性能和组合工艺出水水质达标的稳定性。

进一步使用 R 软件(3.1.0)对测序结果制作基于属水平的热图分析。垂直流人工湿地基于属水平的热图分析和水平流人工湿地基于属水平的热图分析分别见图 4-10 和图 4-11。

由图 4-10 和图 4-11 可知,垂直流人工湿地与水平流人工湿地中 *Pseudomonas* 均占有主导地位(丰度较高),这与"(1)基于 PCR-DGGE 的人工湿地种群结构初步分析"中 PCR-DGGE 的结果相符。此外,垂直流人工湿地中硝化菌属

(*Nitrobacter*)的丰度较高,而水平流人工湿地中丰度很低。

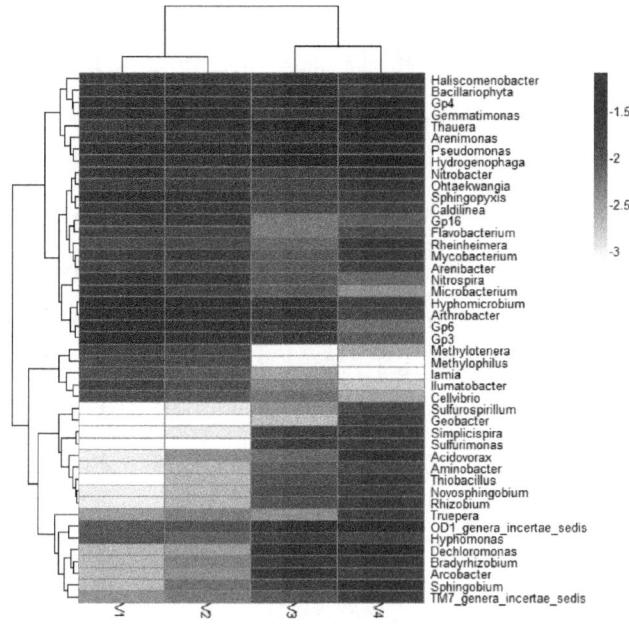

图 4-10　垂直流人工湿地基于属水平(丰度＞1%)的热图分析

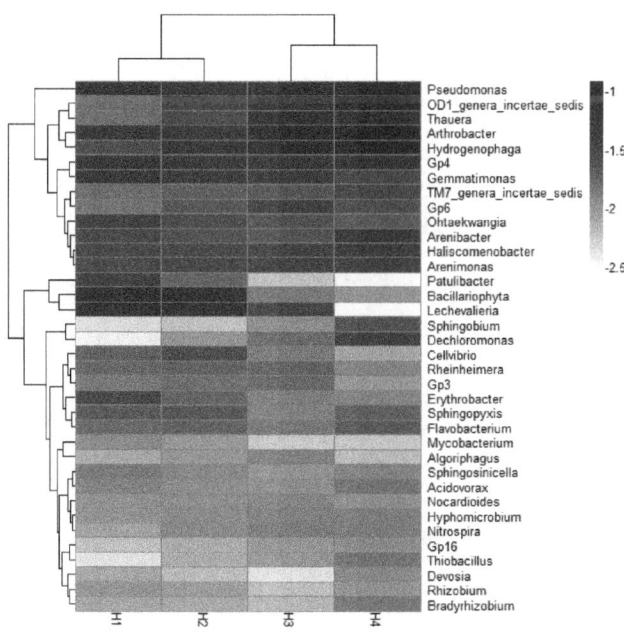

图 4-11　水平流人工湿地基于属水平(丰度＞1%)的热图分析

根据聚类分析,沿着人工湿地组合处理工艺水流方向微生物群落结构的相似度表明,(V_1,V_2)、(V_3,V_4)、(H_1,H_2)和(H_3,H_4)两两群落结构相近,相应地,它们对污染物的去除功能也相似。而群落结构发生跳变的位点是V_2—V_3,V_4—H_1,H_2—H_3,亦说明这些不同位点的截污功能可能发生改变。这说明了人工湿地基质中不同空间位点条件参数的相似性。微生物群落结构的变化规律为人工湿地组合处理工艺中污染物的空间去除效果提高和微生物强化提供了依据。

相比湿地系统的单一取样点分析[139],本研究更体现了微生物群落在垂直流-水平流组合人工湿地水流方向的空间分布情况及其变化规律,不仅强化了垂直流-水平流组合人工湿地对尾水中污染物的沿程削减效果,更有利于组合工艺整体菌群结构对污染物的去除效果,提高工艺出水的稳定达标。

(2) 功能性菌群空间演变规律及其对污染物空间梯级削减之间关系分析

在 Miseq 群落分析过程中,发现大量与污染物去除相关的微生物种属,例如与多环芳烃生物降解相关的 *Novosphingobium* 等;与生物氨化相关的 *Aminobacter*,与硝化功能相关的 *Nitrosococcus*、*Nitrobacter* 和 *Nitrospira*;与反硝化相关的 *Acidovorax*、*Azoarcus*、*Rhodobacter* 和 *Thauera* 等;与生物固氮相关的 *Rhizobium* 和 *Bradyrhizobium* 等。将各类微生物按功能划分汇总,并分析它们在垂直流-水平流组合人工湿地中的分布及随水流沿程丰度的变化规律。

① 与多环芳烃(PAHs)降解相关的微生物丰度分布规律

多环芳烃降解菌,作为一种改善尾水 B/C 的微生物代表,可将 PAHs 等难生物降解物质进行矿化和转化,并生成(相对)较容易利用的碳源,对提高污水的可生化性具有重要作用。本湿地系统中发现的 PAHs 降解菌,主要包括 *Novosphingobium* 属的微生物,多环芳烃降解相关微生物丰度的沿程分布规律见图 4-12。

由图 4-12 可知,多环芳烃降解菌在垂直流人工湿地中丰度较高且差异明显,丰度随深度的增加而增大。而它在水平流人工湿地中丰度相对较低,且差异不明显。PAHs 降解菌在湿地系统中的丰度最高可达 1.4%(V_4位点),以 *Novosphingobium* 属为主,该类 PAHs 降解菌的主要作用是分解难降解有机物,使其长链或环状结构被破坏,改善尾水可生化性,提供优质的碳源。其中,经过垂直流人工湿地的处理后,尾水的 B/C 比值从 0.11 上升至 0.28,为 COD 削减和反硝化提供了基础。PAHs 降解菌在一般人工湿地中发现较少或丰度较低[103,106],但在第三章构建的垂直流-水平流组合人工湿地中出现并富集,主要

第四章　垂直流-水平流组合人工湿地微生物群落结构研究

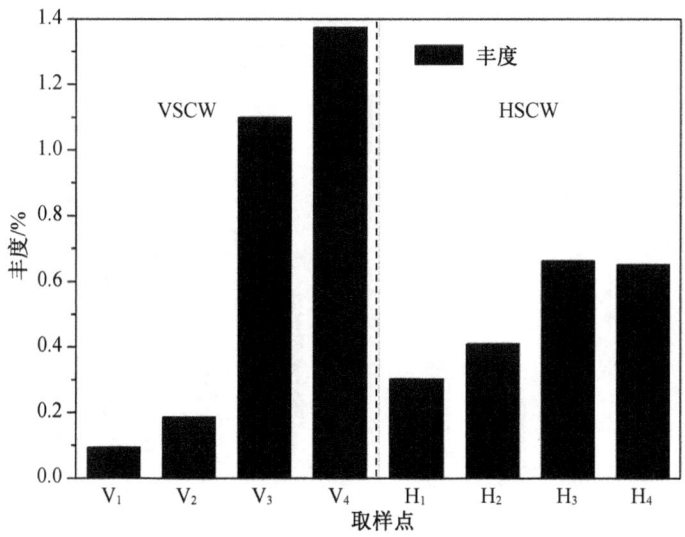

图 4-12　与多环芳烃降解相关的微生物丰度的沿程分布规律

原因有两方面：第一，本次构建的组合湿地工艺运行稳定，对工业园区尾水具有良好的适应性；第二，工业园区尾水中含有一定量难降解有机物，需要通过有针对性的降解菌进行强化处理。

② 与氨化相关的微生物丰度分布规律

氨化细菌主要负责有机氮转化的第一步——将污水中的有机氮转化为 NH_4^+—N，后者才能被生物硝化、反硝化而实现脱氮。构建的组合湿地系统中的氨化细菌主要包括 *Aminobacter* 属，其丰度的沿程分布规律见图 4-13。

由图 4-13 可知，氨化菌整体丰度较低（<1%），在垂直流人工湿地各空间位点丰度差异较大，在水平流人工湿地中差异较小；氨化菌在垂直流人工湿地中随深度的增加而明显上升（图 4-13），其中 V_2—V_3 位点变化最为明显，这与聚类分析结论相符。

工业园区污水处理厂尾水中的有机氮大多已经在二级生化处理过程中去除。因此，组合工艺中氨化菌的丰度也较低。之所以在较深层的垂直流人工湿地基质中有所增高，这可能是由于微生物与植物根系的共代谢作用利用含氮有机物进行生长，植物根系分泌了大量的含氮有机物。

综上，氨化菌主要分布在 V_3、V_4 位点，促使 NH_4^+—N 浓度一定程度地增加（有机氮转化所得），这可能与 NH_4^+—N 浓度在该位点削减效率变慢有关。

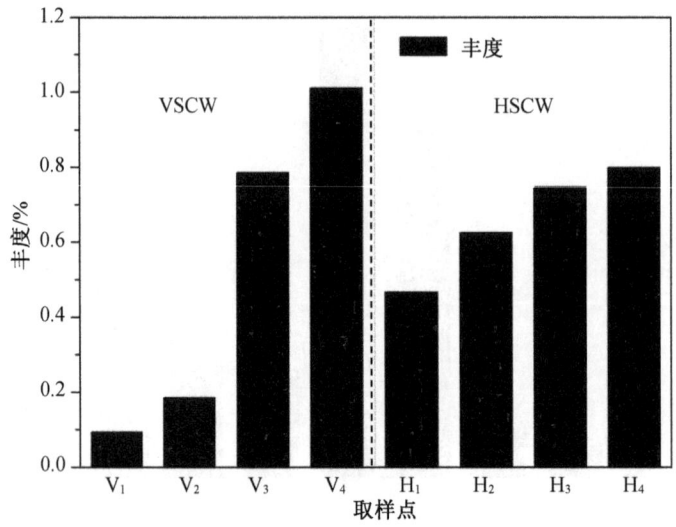

图 4-13 氨化相关微生物丰度的沿程分布规律

③ 与硝化作用相关的微生物丰度分布规律

硝化菌的主要作用是在好氧环境下将 NH_4^+—N 转化为 NO_2^-—N 和 NO_3^-—N，进而为后续反硝化过程提供电子受体。构建的组合湿地系统中发现的硝化菌主要包括 *Nitrosomonas*、*Nitrosospira*、*Nitrosococcus*、*Nitrobacter* 和 *Nitrospira* 属的细菌，硝化相关微生物丰度的沿程分布规律见图 4-14。

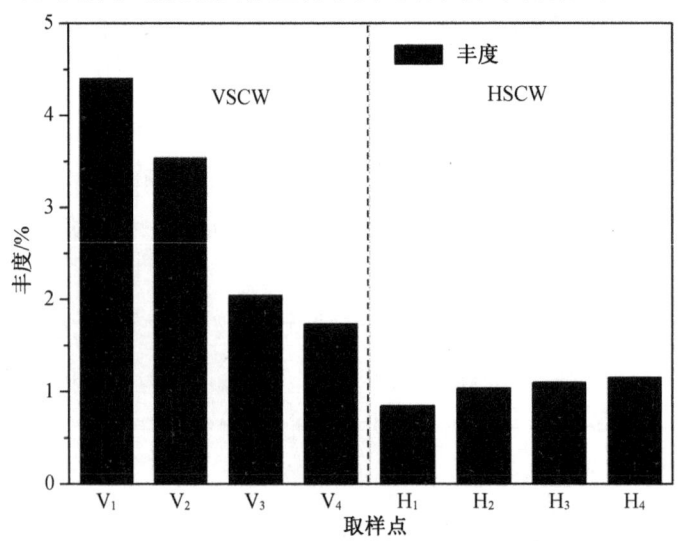

图 4-14 硝化相关微生物丰度的沿程分布规律

由图 4-14 可知,硝化菌丰度在该湿地系统中可达 4.4%(V_1 位点),且其垂直流人工湿地中的丰度明显高于水平流,且随着垂直流人工湿地深度的不断增加(即沿水流方向)而明显减少。硝化菌丰度在水平流中变化不明显。

这可能由于随着深度增加,DO 下降且 NH_4^+—N 浓度逐渐降低,硝化菌丰度也(沿着水流方向)逐渐递减。硝化菌主要分布在垂直流人工湿地中,这与前述 PCR-DGGE 的结果以及污染物去除性能结果相一致。同时,本研究中硝化菌丰度的变化趋势与 Wang 等[71]在浅层人工湿地中的研究结果一致。其中,以 *Nitrospira* 和 *Nitrobacter* 为主的硝酸菌丰度较高(相比亚硝酸盐菌),且根据图 4-10,硝酸菌丰度在垂直流中呈梯度变化,V_1(4.3%) > V_2(3.5%) > $V_3 \approx V_4$(2.5%)。此外,相比 Adrados 等[53]的研究,该湿地系统中硝化菌群的种类比较丰富(多样性高),为系统高效的硝化功能提供了保障。分析其原因,主要是由于人工湿地类型和进水水质的不同,使得硝化菌群差异较大,且这种差异主要来自垂直流人工湿地部分[图 4-14 和图 4-6(b)],说明该组合湿地系统为高效脱氮提供了更广泛的提升空间。

④ 与反硝化作用相关的微生物丰度分布规律

反硝化菌主要负责将硝态氮(包括 NO_2^-—N、NO_3^-—N)转化为 N_2,因此可去除污水中的硝态氮,同时由于反硝化过程需要有机碳源,也可去除部分 COD_{cr}(BOD_5)。本湿地系统中,反硝化菌包括 *Acidovorax*、*Arcobacter*、*Azoarcus*、*Comamonas*、*Curvibacter*、*Dechoromonas*、*Hyphomicrobium*、*Paracoccus*、*Rhodobacter*、*Thauera*、*Zoogloea* 和 *Roseomonas* 属等的微生物。反硝化相关微生物丰度的沿程分布规律见图 4-15。

由图 4-15 可知,反硝化菌在构建的组合湿地系统中丰度较高,最高位点 V_3 可达 17% 以上。反硝化菌主要分布在垂直流人工湿地下层,而在水平流人工湿地中沿水流方向呈逐级递增趋势。

同样基于高通量测序分析,Ligi 等[132]证实微生物群体的反硝化潜力与其菌群结构密切相关。本研究垂直流-水平流组合人工湿地中,反硝化菌丰度约 8%~17%,远高于 Peralta 等[52]研究的自然湿地里的反硝化菌数量。在垂直流人工湿地的下层的滤料中(V_3),反硝化菌丰度最高,得益于该层滤料中包括 DO 值在内的最合适的生长条件,以及对植物根系相互作用有利的条件等。因此,V_3 是垂直流人工湿地中反硝化能力最强的位点。

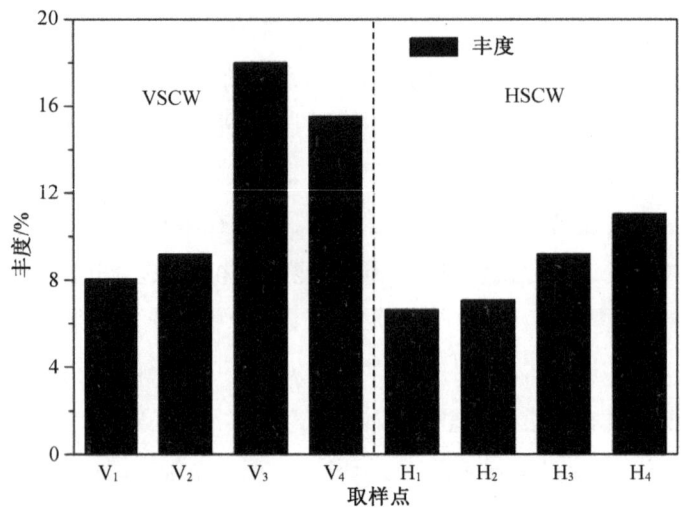

图 4-15 反硝化相关微生物丰度的沿程分布规律

在该组合湿地工艺中,表层溶解氧水平较高,因此硝化细菌丰度大,而下层溶解氧水平较低,反硝化细菌密度大,这与刘慎坦等的研究结果一致[149]。

氮素污染物在人工湿地系统中的转化和去除一直都是关注热点[88],根据组合工艺中氨化、硝化、反硝化菌群的空间分布和氮素污染物空间转化和去除性能(结合 4.3.1 节),可以将两者在沿程中建立良好的关联。水平流人工湿地中反硝化菌丰度与 NO_3^-—N 去除效率关系见图 4-16。

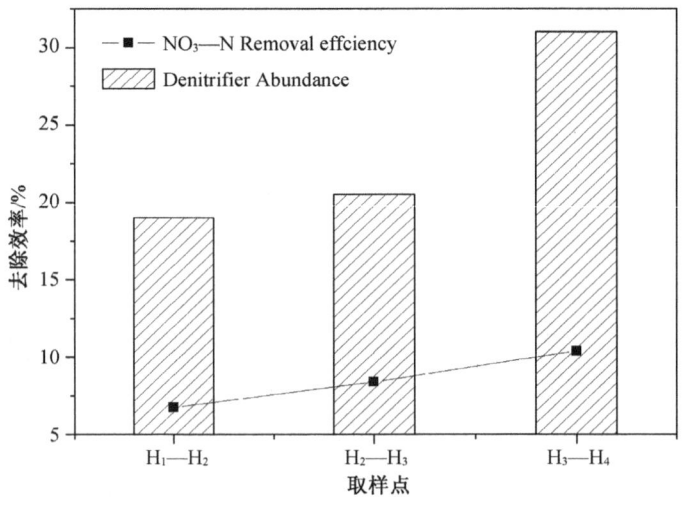

图 4-16 水平流人工湿地中反硝化菌丰度与硝酸盐去除效率的关系

由图 4-16 可知,反硝化菌的在水平流人工湿地中的分布特点是其丰度沿 H_1—H_4 位点逐渐升高,从 6.5% 增至 11%,而相应地,尾水中 NO_3^-—N 浓度逐步降低,从 2.1 mg/L 降低到 0.8 mg/L。分析 H_1—H_2、H_2—H_3 和 H_3—H_4 三段的 NO_3^-—N 去除效率与反硝化菌丰度之间的相关性,得到结果:两者的 Pearson 相关系数为 0.94,呈显著的正相关。此外,相比亚硝酸盐菌,硝酸盐菌丰度较高(V_1 点位 4.3% 丰度),可减少亚硝酸盐的积累,保障生物脱氮过程的顺利进行。因此,脱氮微生物种群结构对氮素污染物转化和去除贡献明显,保证出水水质达标。

不同于完全混合式的生物反应器,人工湿地系统的微生物群落的分布在空间上较为固定。根据 4.3.1 小节,V_1 和 V_2 段对 NH_4^+—N 的去除率较高;V_3、V_4 与 H_{1-4} 段对 TN 的去除效率较高,这与本章脱氮微生物群落结构的分布相一致。同时,也证明了该湿地系统的脱氮功能主要由微生物在发挥作用。

综上,本章采用多种分子生物学手段,如:定量 PCR 技术分析功能基因丰度的时、空变化、分布情况;PCR-DGGE 和高通量测序,全面考察了湿地系统微生物群落结构,结果表明,两者的结论基本相符,亦能相互补充。微生物的功能基因与群落结构均与污染物的削减效能,在时间和空间上均呈一定的相关性,证明微生物是湿地系统尾水净化的主要贡献者。也说明,多种分子生物学手段相结合,才能更加有效地反应系统中的微生物信息。

4.4 本章小结

在第三章构建的垂直流-水平流组合人工湿地深度处理工业园区污水厂尾水中试研究基础上,本章综合运用 PCR-DGGE 和 Miseq 高通量测序技术,以及定量 PCR 技术,从功能基因和微生物群落结构两个层面解析垂直流-水平流组合人工湿地深度处理工业园区污水厂尾水的功能微生物及其分布规律,探讨功能微生物与污染物去除效能的相互关系。

(1) 研究了垂直流-水平流组合人工湿地中微生物功能基因随季节的变化规律。

采用定量 PCR 技术分析了稳定运行期的第 90 天(2013 年 10 月 29 日,秋季),第 180 天(2014 年 1 月 27 日,冬季),第 269 天(2014 年 4 月 26 日,春季),

第 339 天(2014 年 7 月 5 日,夏季)的微生物功能基因数量,结果表明:微生物功能基因数量随着季节温度变化有一定的改变,反硝化菌的变化明显与温度呈极显著相关($p<0.01$),而硝化菌的差异变化不明显。

(2) 本章揭示了构建的垂直流-水平流组合人工湿地中稳定期功能基因空间分布规律。在垂直流人工湿地中,16S 基因数量与基质深度极显著负相关($p<0.01$),表明总细菌量随着深度增加而逐步减少。与 DO 呈极显著正相关($p<0.01$);在水平流人工湿地中,nirK 基因数量与温度呈极显著正相关($p<0.01$),与基质深度显著正相关($p<0.05$)。16S 基因数量与 DO 呈显著正相关($p<0.05$)。

(3) 本章借助 PCR-DGGE 和 Miseq 分析手段,分析了垂直流-水平流组合人工湿地稳定期中微生物群落结构的空间分布规律。其中,变形菌、拟杆菌和放线菌都占主导地位(80%以上)。在垂直流人工湿地中,发现多种与污染物去除相关的微生物种属,如与多环芳烃生物降解相关的 *Novosphingobium* 等,以及与硝化功能相关的 *Nitrosococcus*、*Nitrobacter* 和 *Nitrospira*。在水平流人工湿地中,发现了多种与反硝化相关的 *Acidovorax*、*Azoarcus*、*Rhodobacter*、*Thauera* 等,且其存在丰度较高。证明了该垂直流-水平流组合人工湿地中微生物对有机物、NH_4^+—N、TN 污染物削减效能的作用。

第五章
人工湿地滤料水力学特性研究

5.1 引言

滤料水力学特性是影响湿地工艺运行的重要因素[76],它直接影响着人工湿地局部空间的污染物负荷和微生物的群落结构,进而影响湿地处理污水的效能[61]。

人工湿地滤料水力学特性主要包括性能参数(渗透系数、级配、比表面积)和水力负荷等,当前国内外学者主要采用 COMSOL 软件[84]、示踪剂实验[85]和 Hydrus 2D 软件[86]等方法对其进行研究。上述方法尚无法直观、准确地揭示人工湿地非饱和状态下水力学特性的时空分布,使得长期以来对人工湿地水力学的工艺设计多依赖经验进行,缺乏理论依据和科学指导。Hydrus 3D 是一种用于研究非饱和土壤、部分饱和土壤或饱和土壤中的水的运动的商业软件,它可展示湿地的流场分布,弥补上述三种方法在探讨滤料水力学参数(级配、渗透系数、比表面积)对水流规律和水力效率的影响方面的不足,是一种有效的水力学研究工具。

因此,本章运用 Hydrus 3D 软件,通过合理选取滤料的水力学特性参数,探讨性能参数(级配、渗透系数、比表面积)对水流规律和水力效率的影响,揭示水力负荷、布水频率对人工湿地系统净化效果的影响规律,以期验证第三章的运行特性,并为人工湿地工艺优化设计及工程调试提供方法指导。

5.2 试验材料与方法

5.2.1 试验装置

参照3.2.1小节。

5.2.2 试验材料

试验选择代表性的三种石英砂滤料,如图5-1所示。

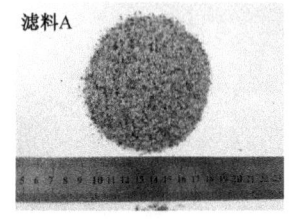 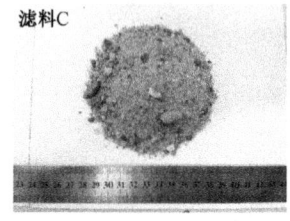

(a) 普通的细砂滤料　　　　(b) 普通的粗砂滤料　　　　(c) 试验的特殊滤料

图 5-1　三种石英砂试验滤料

5.2.3 试验方法

1. 水力学特性计算方法

(1) 渗透系数的测定

渗透系数采用常水头现场测定[150],按公式(5-1)计算。试验依据经典的达西渗透定律,即认为多孔介质内部水流符合达西层流,多孔介质宏观渗流量与水力梯度成正比。

$$Q = KAJ \qquad (5\text{-}1)$$

$$v = Q/A = KJ \qquad (5\text{-}2)$$

式中:v为渗流简化模型的断面平均流速;系数K为反映孔隙介质透水性能的综合系数;J为水力梯度;A为断面面积。

渗透系数修正为在标准温度20℃时,按公式(5-3)计算。

$$K_{20} = K_t \eta_t / \eta_{20} \tag{5-3}$$

式中：η_t，η_{20} 为 t℃ 和 20℃ 时水的动力黏滞系数；18.0℃ 时 $\eta=1.061$，$\eta_t/\eta_{20}=1.05$。

（2）粒径的分析和级配参数的计算

基质的粒径分析采用土工常用的方法——筛分法。不均匀系数 Cu 按公式 (5-4) 计算。曲率系数 Cc 按公式 (5-5) 计算。

$$Cu = d_{60}/d_{10} \tag{5-4}$$

式中：Cu 为不均匀系数，是土颗粒组成的重要特征参量；d_{10} 为有效粒径，小于某粒径的土粒的质量占总质量的 10%；d_{60} 为限定粒径，小于某粒径的土粒的质量占总质量的 60%。

$$Cc = d_{30}^2 / (d_{60} \times d_{10}) \tag{5-5}$$

式中：Cc 为曲率系数，表示土的粒径级配累计曲线的斜率是否连续；d_{30} 为中值粒径，小于某粒径的土粒的质量占总质量的 30%。

（3）比表面积的计算

比表面积通过滤料饱和和放空时的水量体积进行测定，参照国家标准《土工试验方法标准》按公式 (5-6) 计算。

比表面积计算：

$$S_s = \frac{3(Cu+7)}{4\rho_w G_s d_{50}} \tag{5-6}$$

式中：S_s 为土的比表面积；G_s 为土粒相对密度，土粒的密度与同体积纯蒸馏水在 4℃ 时密度的比值，土粒比重的大小取决于土粒的矿物成，一般砂土为 2.65～2.69，本次计算取 2.65；ρ_w 为水密度，取 1 000 kg/m³；d_{50} 为平均粒径，小于某粒径的土粒的质量占总质量的 50%。

2. Hydrus 3D 模型软件

本次模拟采用 Hydrus 3D 模型，Hydrus 3D 主要用于变量饱和多孔介质的水流和溶质运移，包括用于模拟变量饱和多孔介质下的水、热和多溶质运移的二维和三维有限元计算，它是一种参数优化算法，用于各种土壤的水压和溶质运移参数的逆向估计。Hydrus 3D 可用来分析水质和溶质在非饱和、部分饱和或是饱和多孔介质情况下的运动。Hydrus 3D可研究不规则边界处理水流区域，水流区域本身可能是由非均匀土壤组成的具有局部各向异性任意程度。水流和运移可能发生在垂直面，也可能在发生水平面，或是具有径向对称性的垂直轴或三维区域。

本章试验模拟工况见表4-1。水力负荷为0.1 m/d、0.2 m/d、0.3 m/d、0.4 m/d、0.5 m/d；布水频率为8次/d、12次/d、16次/d。材料为三种：滤料A、滤料B、滤料C。一共计算45个工况。

模型尺寸与第二章构建的中试试验垂直流人工湿地一致，70 cm(长)×70 cm(宽)×75 cm(高，处理区高度)。初始条件：系统从压力水头最低处的节点做平衡计算(Equilibrium from the lowest located nodal point)；底部水压力值(Bottom Pressure Head Value)：0 cm；上边界自由边界(Atmospheric Boundary)随工况的变化而变化；下边界常压力(constant head)：0 cm且始终保持不变。观察点(Observation nodes)：沿Z方向从下往上依次等间距分布1～12个观测点，见图5-2。

表5-1 计算工况表

序号	材料类别	布水频率/(次/d)	水利负荷/(m/d) 0.1	0.2	0.3	0.4	0.5
1	滤料C	8	1	2	3	4	5
		12	6	7	8	9	10
		16	11	12	13	14	15
2	滤料A	8	16	17	24	25	26
		12	27	28	29	30	31
		16	18	19	32	33	34
3	滤料B	8	20	21	35	36	37
		12	38	39	40	41	42
		16	22	23	43	44	45

3. 水力有效体积的计算方法

水力停留时间一般是指待处理污水在湿地内的平均停留时间，也是污水与人工湿地内部微生物作用的平均反应时间，决定了人工湿地对污水处理的程度，

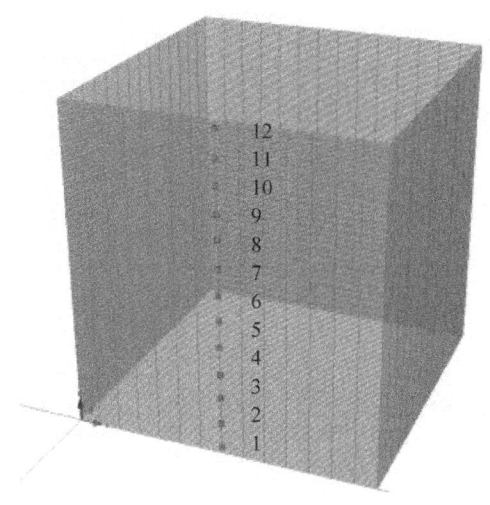

图 5-2 试验观察点位图

传统的水力停留时间定义为

$$t_r = \frac{V}{Q} \tag{5-7}$$

式中：V 为湿地有效处理容积，L^3；Q 为流量，L^3/T。这种传统的水力停留时间计算方法由于计算格式简单，被广泛应用于多种水处理或水化学反映模型评估中，但传统的水力停留时间计算格式只能在一般意义上笼统地反映反应系统的处理程度，对于水流边界复杂，尤其是在反应器长时间处于非饱和态的情况下，这种计算方法对于真实的水力停留过程刻画不足。因为，在非饱和态条件下，湿地的有效处理水量不仅仅取决于湿地系统内的水流速度，还与附着在颗粒表面上的微生物与待处理污水直接的有效接触面积和接触时间相关，即湿地反应系统内的有效处理水体积可以表达为

$$V_e = \alpha A_s \rho_m V_c t_r \tag{5-8}$$

式中：α 为有效处理体积系数，L/T；A_s 为滤料比表面积，L^2/M；V_c 为滤料总体积，M^3；ρ_m 为材料的密度，M/L^3。

水力停留时间采用如下方法计算，如图 5-3 所示，假定某一时刻 t，厚度为 δh 的薄层水流均匀沿水流方向入渗，该薄层水流通过整个滤料高度所需的时间 T 即为此薄层水流的水力停留时间 $T(t)$，则平均停留时间可以通过下式计算：

$$\bar{tr} = \frac{1}{T_{\text{end}}} \int_0^{t_{\text{end}}} T(t) \, \mathrm{d}t \tag{5-9}$$

根据水量平衡原理，图 5-3 中的 V_{out}-t 曲线可以通过 V_θ-t 和 V_{in}-t 曲线推求，具体的计算格式为

$$V_{\text{out}}(t+T) - V_{\text{in}}(t) = V_c(\theta_{t+T} - \theta_t)$$

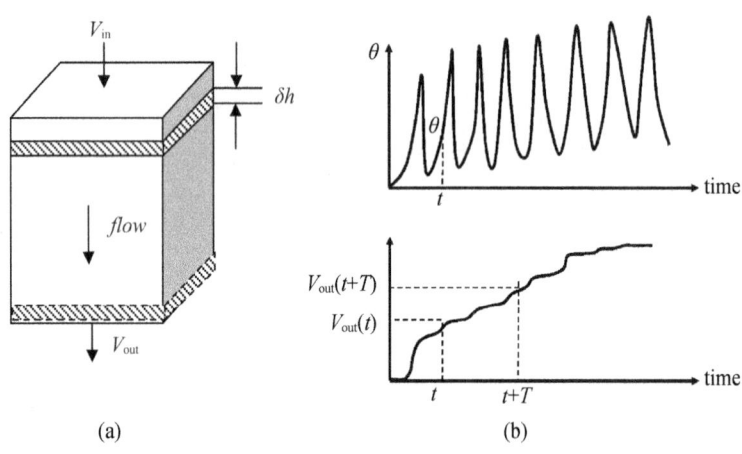

图 5-3 污水水流入渗示意图和计算曲线图

5.3 结果与讨论

5.3.1 滤料水力学参数的确定

1. 渗透系数的确定

试验选择的三种代表性滤料 A、滤料 B、滤料 C 的渗透系数见图 5-4。

由图 5-4 可知，普通滤料 A 和 B 的渗透系数 K 分别为 0.397 cm/s 和 1.781 cm/s；特殊滤料 C 的渗透系数 K 为 0.068 7 cm/s。特殊滤料 C 的渗透系数最小，分别为普通滤料 A 和普通滤料 B 的 17% 和 3.8%。较小的渗透系数保证了滤料上的微生物与尾水中污染的接触时间和传质效果。

2. 级配和不均匀系数的确定

试验选择的三种代表性滤料 A、滤料 B、滤料 C 的颗粒级配分别见图 5-5。

第五章 人工湿地滤料水力学特性研究

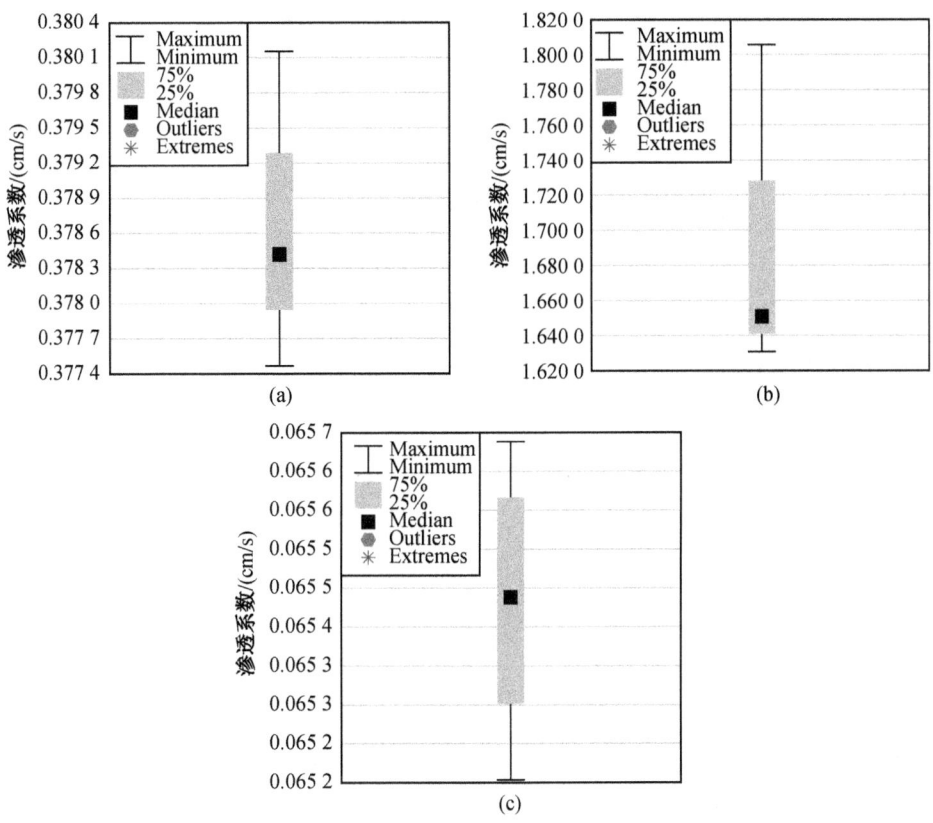

图 5-4 不同滤料的渗透系数

级配特征表征参数汇总见表 5-2。

表 5-2 级配特征表征参数汇总

序号	特征粒径	滤料 A	滤料 B	滤料 C
1	d_{60}/mm	1.074 5	2.757 9	1.313 8
2	d_{50}/mm	1.016 2	2.375 4	0.993 4
3	d_{30}/mm	0.749 1	1.816 4	0.574 2
4	d_{10}/mm	0.534 5	1.336 9	0.311 4
5	Cu	2.010 3	2.062 9	4.219 0
6	Cc	0.977 1	0.894 8	0.805 9

由图 5-5 和表 5-2 可知,滤料 A 和滤料 B 的不均匀系数 Cu 分别为 2.01 和 2.06,而滤料 C 的不均匀系数 Cu 达到 4.22,三种滤料的 $Cu \leqslant 5$,级配均匀。同

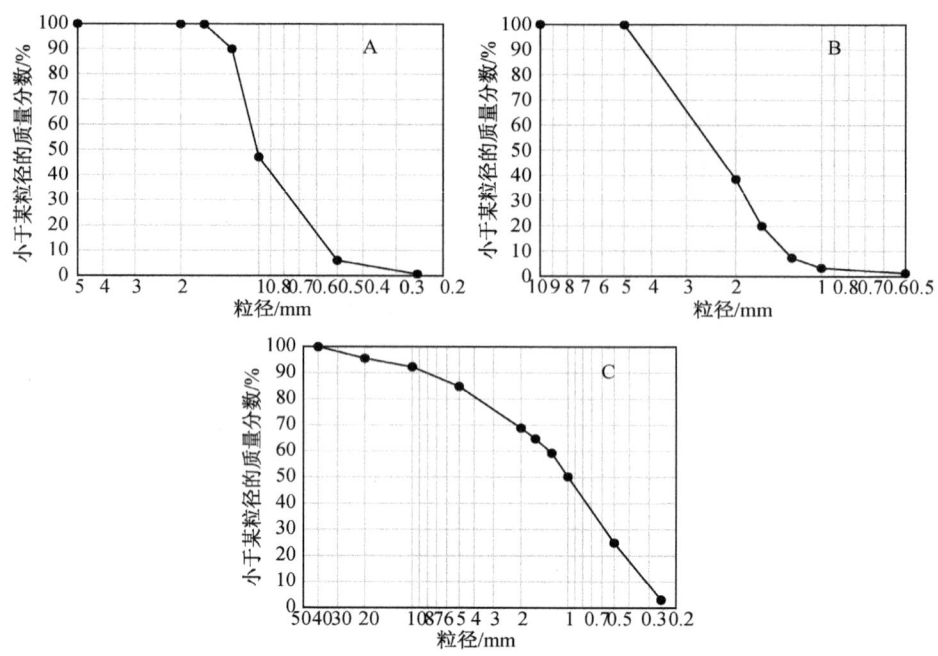

图 5-5　不同滤料的级配曲线

时从图 5-5 还可以看出,滤料 C 曲线平滑,级配均匀性好。

3. 比表面积的确定

根据公式(5-6)可知,滤料 A:S_s^A=0.002 5 m²/g,滤料 B:S_s^B=0.001 1 m²/g,滤料 C:S_s^C=0.003 2 m²/g。滤料 C 的比表面积是普通滤料 B 的 1.28 倍,是普通滤料 A 的 2.91 倍。大的比表面积保证了接触的时间和传质的效果。

5.3.2　布水强度和频率对运行效能优化

采用滤料 C 且布水强度 8 次/d 和水力负荷 0.1 m/d 条件下的工况 1,以及 T=0 min 至 T=1 440 min 时刻,人工湿地中水压与含水量的计算结果见图 5-6 和图 5-7。

工况 1 对于选取的 12 个观测点,它们的含水量(water content),水压力(pressure head),包括降雨、灌溉或者潜在蒸发量(potential atmospheric flux)在内的潜在大气通量,累积潜在大气通量(cumulative potential atmospheric flux),自由边界水压力(atmospheric boundary head)随时间变化的水力特性曲线见图 5-8。其他工况依次类推,一共计算 45 个工况。

图 5-6 工况 1 云图展示(a)

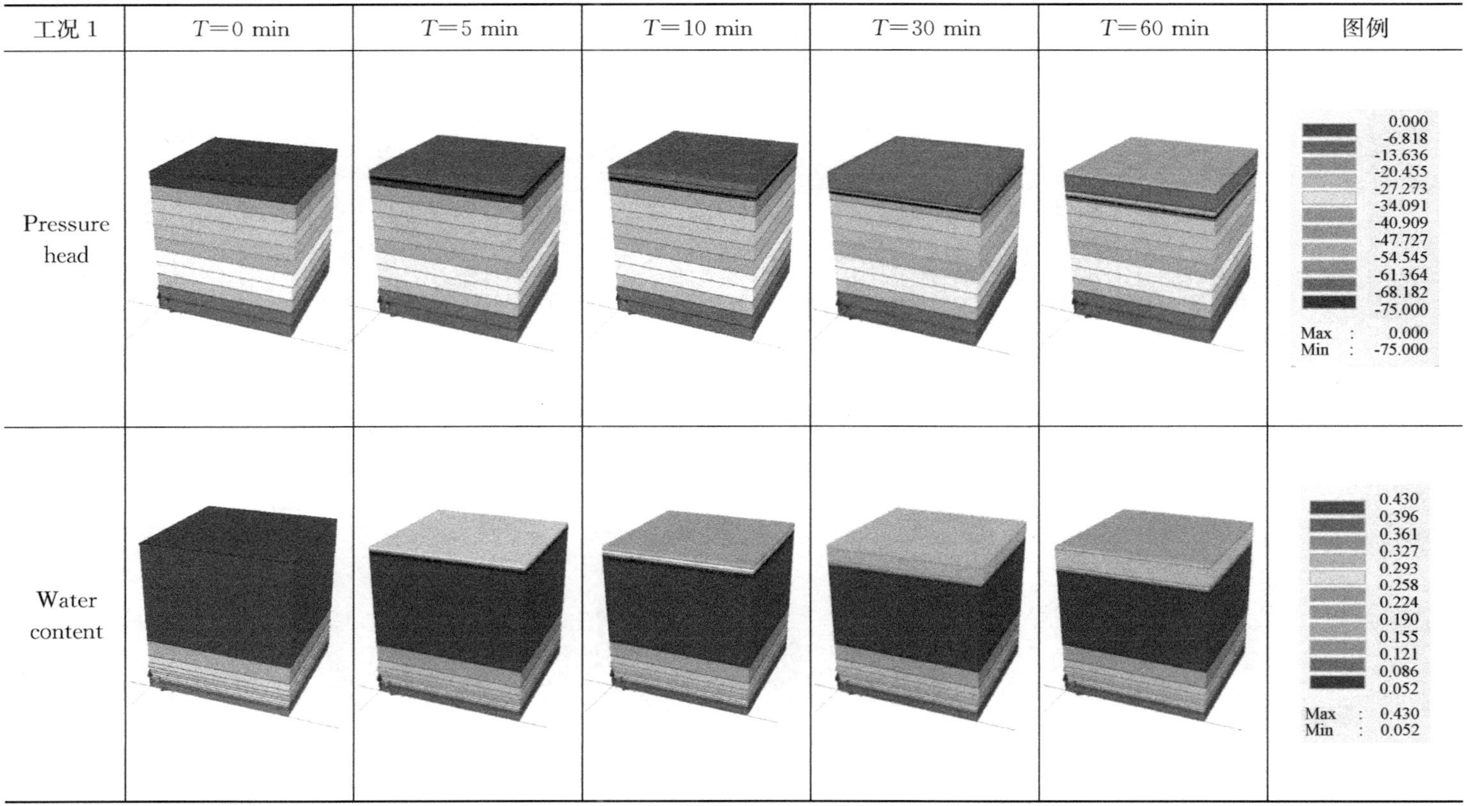

注:模型尺寸:70 cm×70 cm×75 cm;模拟时长:大周期 24 h=1 440 min;小周期 3 h=180 min;Atmospheric Boundary:0.125 cm/min。

图 5-7　工况 1 云图展示(b)

工况 1	T=180 min	T=360 min	T=720 min	T=1 080 min	T=1 440 min	图例
Pressure head	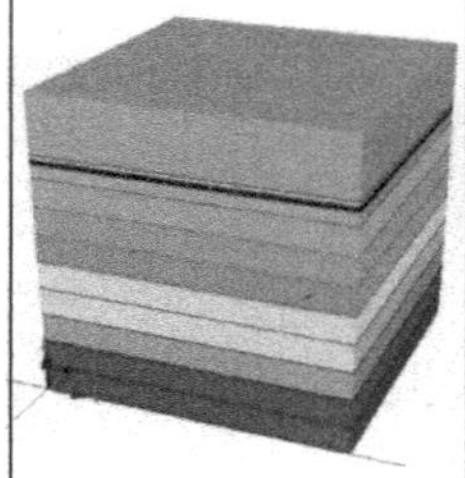	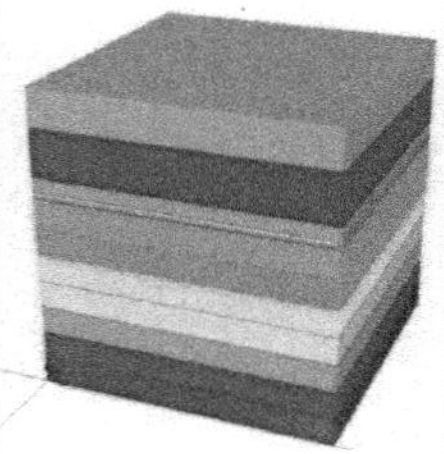	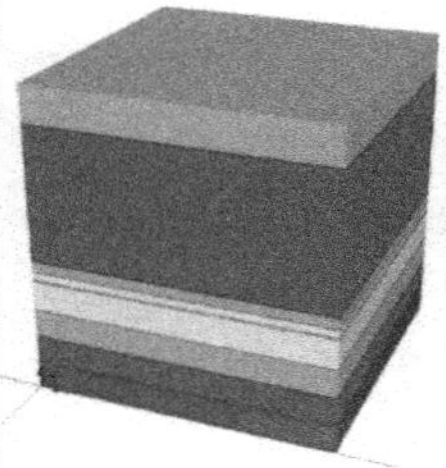	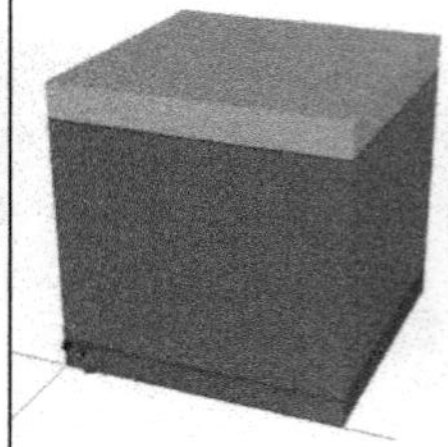	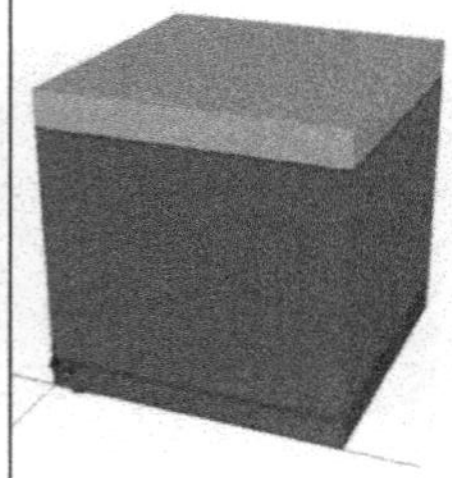	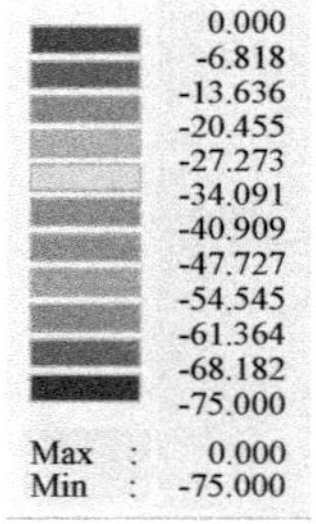
Water content	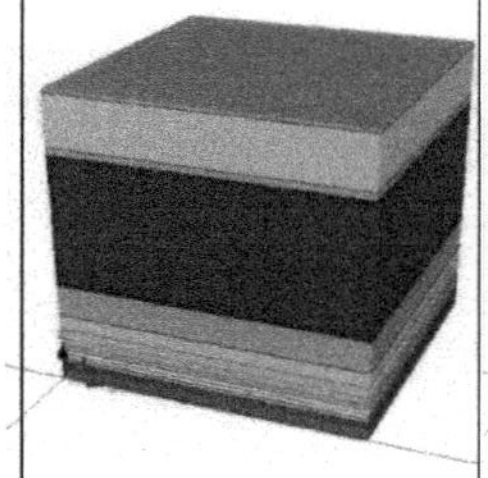	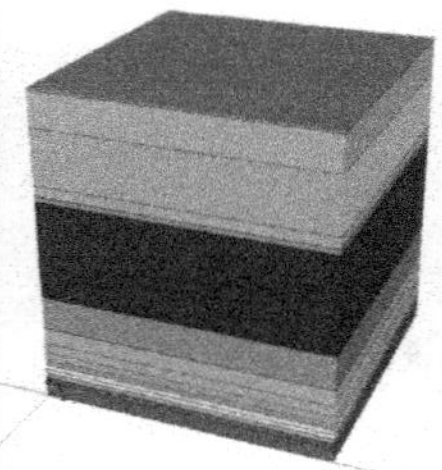	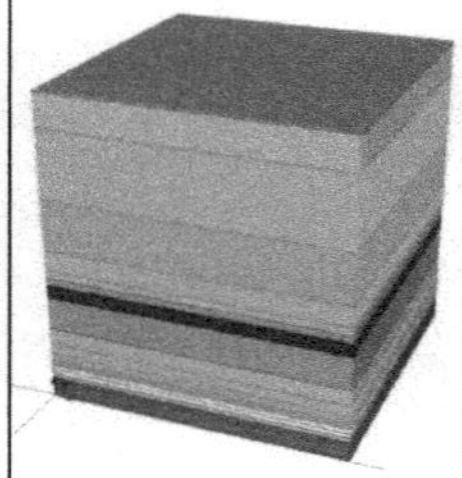	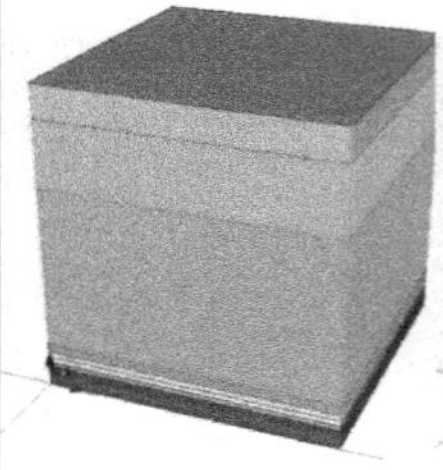	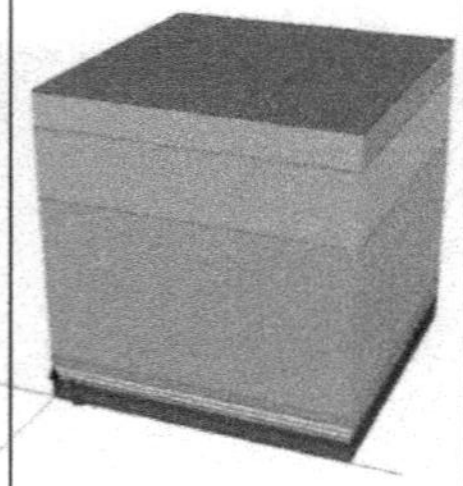	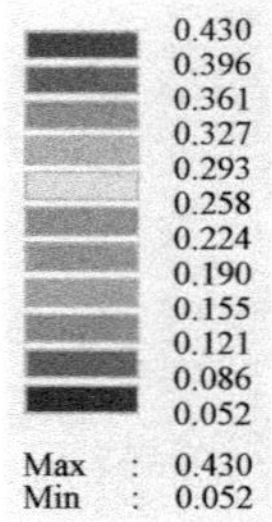

注:模型尺寸:70 cm×70 cm×75 cm;模拟时长:大周期 24 h=1 440 min;小周期 3 h=180 min;Atmospheric Boundary:0. 125 cm/min。

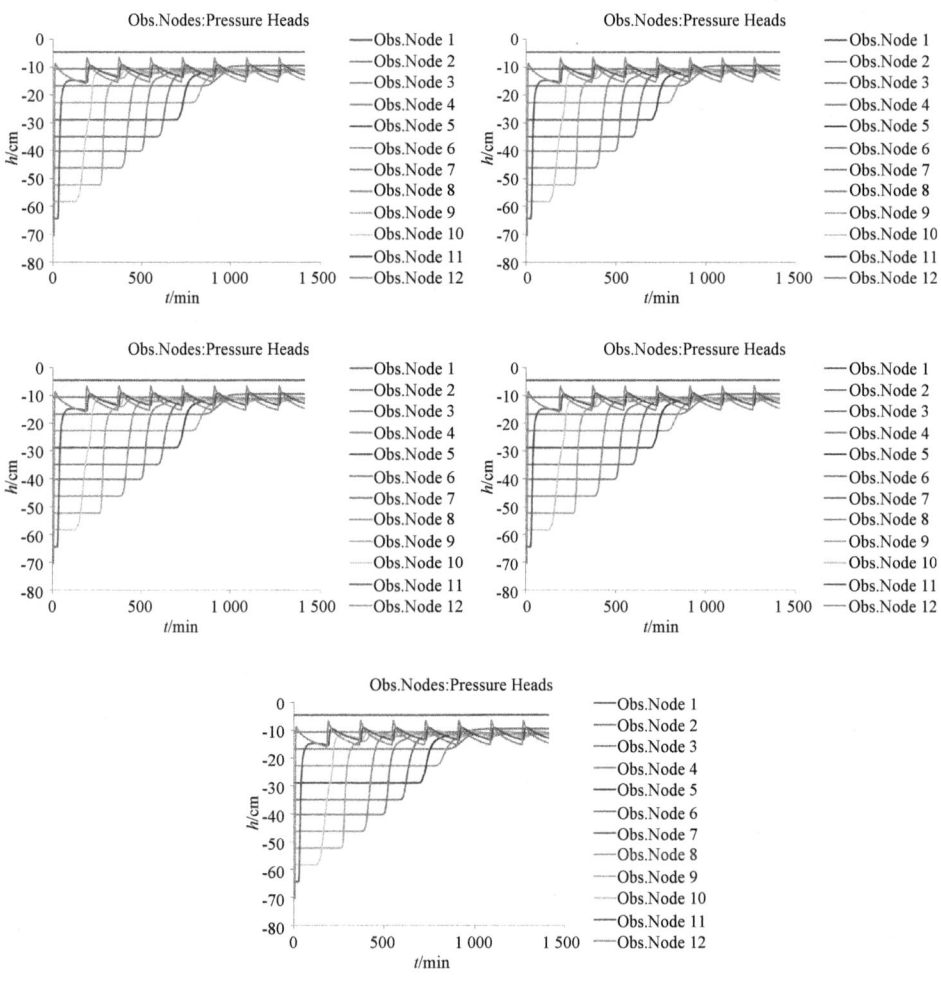

图 5-8 工况 1 的二维曲线展示图

由图 5-6、图 5-7 和图 5-8 可知,在工况 1 的条件下,水力负荷为 0.1 m/d,在 24 小时运行周期内,进行 8 次布水试验,每个周期 3 小时,通过 Hydrus 3D 模拟得出了水分场及水压场的变化规律,从水动力学角度分析周期性布水的累积效应,结果表明:从表层水分含量来看,第一个周期和第二个周期之间的相对差异较大,第二个周期的滤料表层初始含水量是第一个周期初始含水量的 2.4～3 倍;周期性的影响在垂向空间上存在差异,越靠近滤料表层,影响越显著;单次布水影响深度大约为滤料有效深度(本次设定为 0.75 m,与第三章试验相同)的 27%,接近 0.2 m。因此,滤料上层 0.2 m 是受到布水影响较为强烈的深度,是垂直流人工湿地中净化污染物的高效区,也是滤料上微生物菌群和数量的活跃区。

人工湿地水力停留时间对比见图5-9。

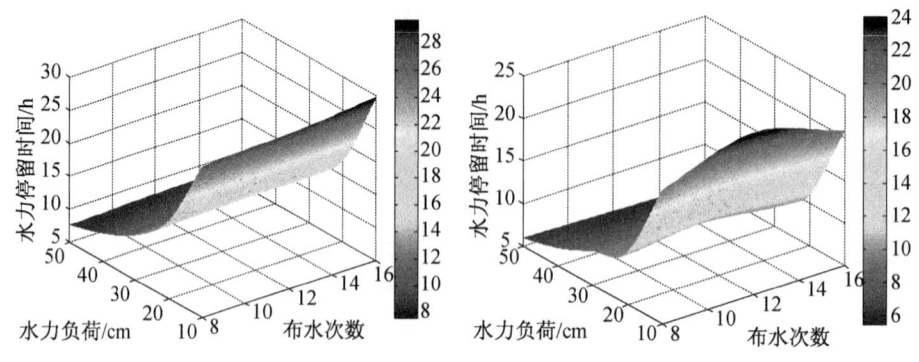

(a) 滤料C对应的平均水力停留时间　　(b) 滤料A对应的平均水力停留时间

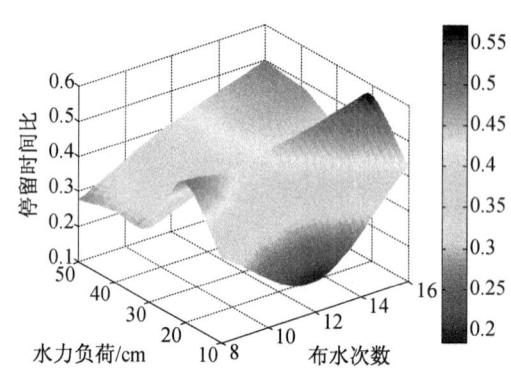

(c) 两种材料对应的平均水力停留时间差异

图5-9　两种材料的水力停留时间对比

由图5-9可知,人工潜流湿地颗粒级配越好,水力停留时间越长。对于颗粒级配良好的滤料C,其最大的平均水力停留时间约为28 h,而相对应的滤料A(细石英砂)的最大平均水力停留时间约为22 h,因材料差异所导致的有效反应时间相差近6 h。因此,选择良好的砂粒材料做人工潜流湿地的介质十分重要;随着布水频率的增加,不同材料所带来的水力停留时间差异也越大,在每天布水8次的条件下,滤料C对比滤料A,其平均水力停留时间增长为28%~50%,而在16次布水条件下,此增长率更大,为44%~58%。

人工湿地水力负荷对平均水力停留时间的影响见图5-10。

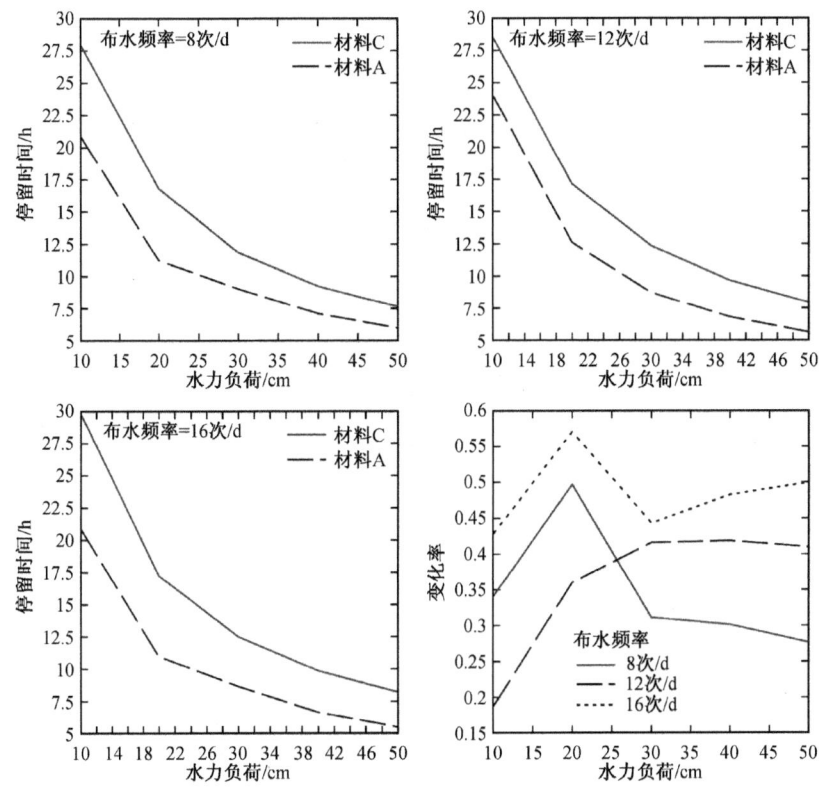

图 5-10　水力负荷对平均水力停留时间的影响

由图 5-10 可知，水力负荷在人工湿地的处理效率上具有显著作用，具体体现为较大的水力负荷将显著减小平均水力停留时间，这使得人工湿地的处理效能将大打折扣。其中每天布水 12 次，在水力负荷从 0.1 m/d 增长到 0.5 m/d 条件下，滤料 C 和滤料 A 的平均水力停留时间分别从 28.5 h 和 24.1 h 衰减至 7.9 h 和 5.6 h，变化率为 −72.3% 和 −76.8%。同时，水力负荷从 0.1 m/d 增长到 0.2 m/d 的区间段，是平均水力停留时间的快速下降区间（对应于曲线斜率），因此，对于水力负荷的选择建议不应该超过 0.2 m/d。从本次计算结果来看，0.1 m/d 的水力负荷工况优于其他计算工况，这点充分验证了第三章的试验结果。

5.3.3　有效体积对运行效能的影响

有效处理水体积包含了比表面积因素的影响，重点突出了滤料类型的差异对人工湿地处理效果的影响。人工湿地滤料的有效体积对比见图 5-11。

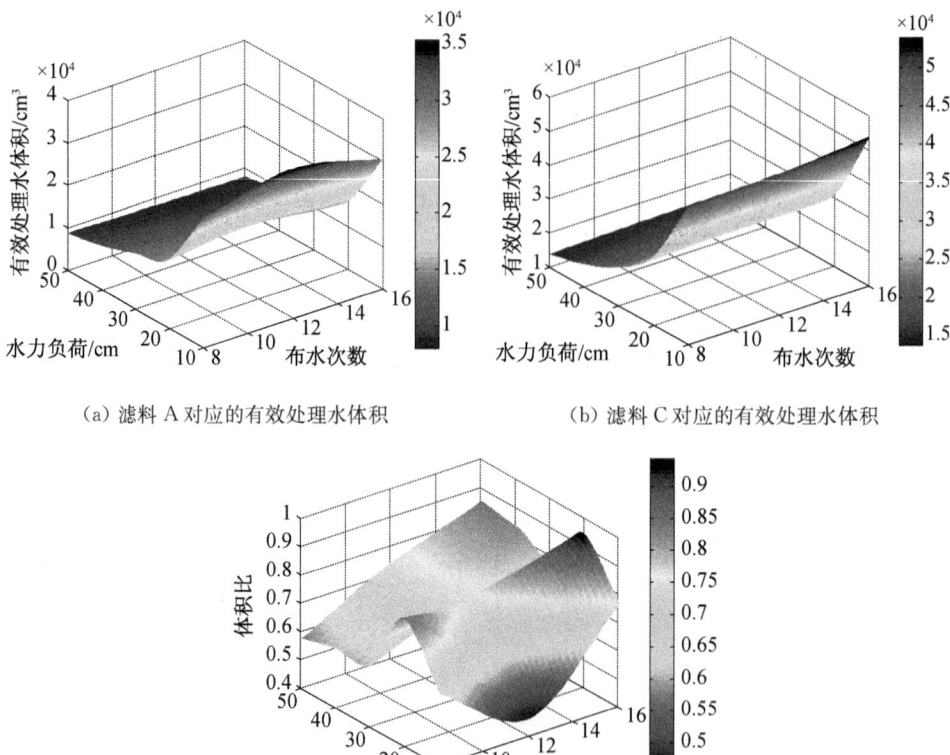

(a) 滤料A对应的有效处理水体积

(b) 滤料C对应的有效处理水体积

(c) 两种材料对应的有效处理水体积差异

图 5-11　两种材料的有效体积对比

两种滤料的有效处理水体积的归一化情况见图 5-12。

由图 5-12 可知,日布水次数的影响并不大(基本上下对称),在选定的水力负荷条件下,应当优先选择相对较少的日布水次数(参考轴下方)。考虑比表面积有效地突出了滤料 C 在人工湿地水中处理效果的优势。在具有相同的水力负荷和布水次数条件下,考虑比表面积的影响使得两种材料的有效处理水体积差异可达近 90%。这一点充分体现了第三章垂直流人工湿地对 NH_4^+—N 的去除率高于 Zhai 等[116]和杨林等[130]的研究成果的重要原因。试验采用滤料的比表面积越大,处理效果越好,这一点从水力学角度可以得到充分证明,这将对实际的人工湿地水处理设计和管理提供理论参考。

第五章 人工湿地滤料水力学特性研究

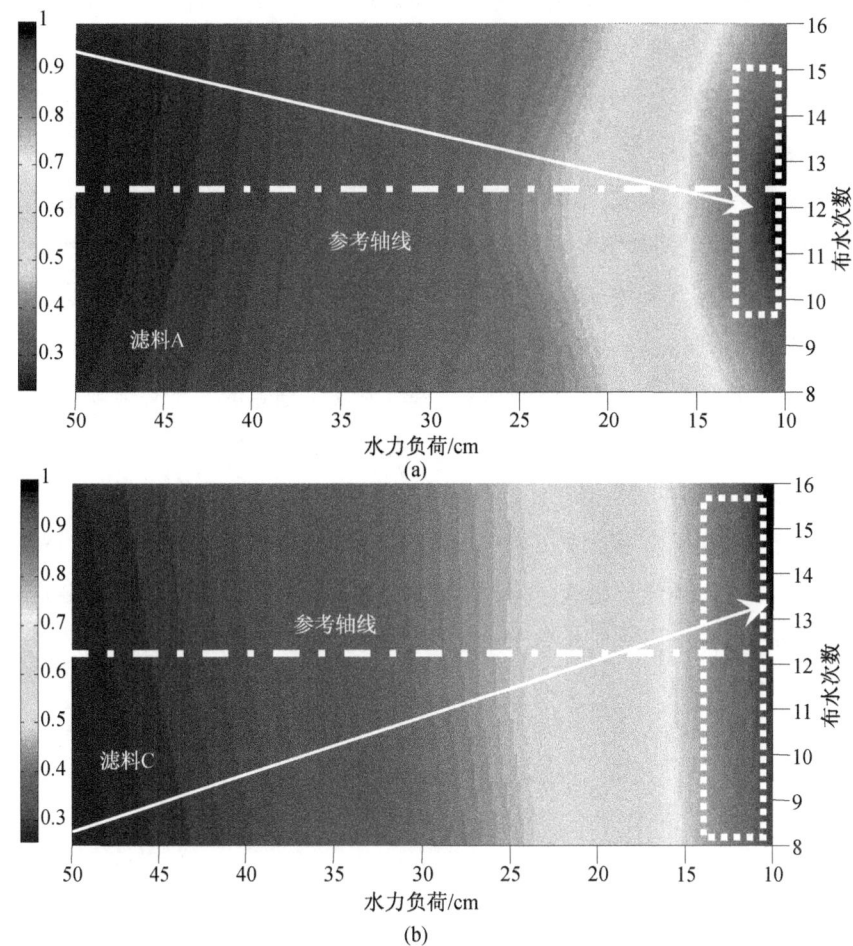

图 5-12 归一化后的有效处理水体积(V/V_{max})

注:白色虚线框内为相对优势的试验工况

5.4 本章小结

本章运用 Hydrus 3D 软件,探讨滤料主要水力学参数(级配、渗透系数、比表面积)对水流规律和水力效率的影响,揭示水力负荷、布水频率对人工湿地系统净化效果的影响规律,以期优化第三章垂直流-水平流组合人工湿地的运行特性。

(1) 本章验证了水力负荷在人工湿地处理效能上具有显著作用,具体表现为较大的水力负荷将显著减小平均水力停留时间。水力负荷为 0.1 m/d 至 0.2 m/d 时,平均水力停留时间出现快速下降,水力负荷的选择建议不应该超过 0.2 m/d,这从水力学角度证明了第三章水力负荷选择的合理性。

(2) 本章揭示了间歇周期性布水影响垂直流人工湿地在垂向空间上水分和水压规律:越靠近表层,影响越显著,影响深度大约为滤料有效深度(本次设定为 0.75 m,是示范工程和中试验相同)的 27%,接近 0.2 m,这个高度是受布水影响较为强烈的深度,也是净化污染物的高效高度和微生物最活跃的高度,这一点与第四章 V_1 处具有良好的去除效果相一致,体现了垂直流人工湿地间歇布水的先进性。但是,研究结果也显示每日布水次数对水分和压力的影响并不大。

(3) 本章建立了基于滤料水力学参数(渗透系数 K、不均匀系数 Cu、比表面积 S_s)的有效处理水体积公式:$V_e = \alpha A_s \rho_m V_c t_r$。渗透性能越小、级配越均匀、比表面积越大,有效体积越大,污染物实际停留时间越长,越有利于污染物与微生物的传质和降解,有利于组合湿地工艺处理效能的提高。

第六章
垂直流-水平流组合人工湿地工程应用研究

6.1 引言

本章在系统研究垂直流-水平流组合人工湿地运行特性、微生物结构、水力学特征等结果的基础上,以常熟新材料产业园生态湿地中心工程为对象,实现了垂直流-水平流组合人工湿地工程化的设计优化、工程调试、工程运行,取得了前端垂直流人工湿地对有机污染物的好氧降解以及 $NH_4^+—N$ 的硝化和后端水平流人工湿地的高效反硝化;并对其工程化应用的技术经济进行了初步分析,研究结果对工业园区尾水的深度处理提供了可供参考的工程实例。

6.2 工程背景及垂直流-水平流组合人工湿地的构建

6.2.1 工程背景

常熟新材料产业园位于太湖流域(国家"三河三湖"重点之一)"引江济太"主要通道望虞河的起点,地理位置十分敏感,望虞河水功能区划为Ⅳ类,因此,为了弥补园区污水厂尾水水质与地表水之间的水质差距,尾水进一步深度处理势在必行。常熟新材料产业园重点发展精细化工和生物化工等主导产业。污水处理厂以"混凝-厌氧- A/O(缺氧-好氧)"作为主体工艺。新材料产业园污水处理厂尾水具有水质水量波动大、难降解有机物高、B/C值较低、C/N比例失调的特点。

根据第三章、四章和五章的中试研究成果进一步开展垂直流-水平流组合人工湿地的工程应用。

6.2.2 垂直流-水平流组合人工湿地的工程构建

1. 组合湿地工程设计规模

工程处理规模0.3万t/d,平均流量为$Q_{avg}=125$ t/h。总变化系数取$K_Z=1.2$,最大设计流量为$Q_{max}=150$ t/h。主要处理对象是常熟新材料产业园污水处理厂的尾水。

2. 组合湿地设计进出水水质

工程主要水质指标由《城镇污水处理厂污染物排放标准》(GB 18918—2002)中的一级A标准提升至《地表水环境质量标准》(GB 3838—2002)中Ⅳ类水质的标准。设计进、出水水质见表6-1。

表6-1 工程进水、出水水质

项目	pH	COD/(mg/L)	NH_4^+-N/(mg/L)	TN/(mg/L)	TP/(mg/L)
设计进水	7~8	≤50	≤5	≤15	≤0.5
设计出水	6~9	≤30	≤1.5	≤1.5	≤0.3

3. 组合湿地工程主体工艺

本工程选择第三章所构建的垂直流-水平流组合人工湿地为主体工艺。具体工艺路线见图6-1。

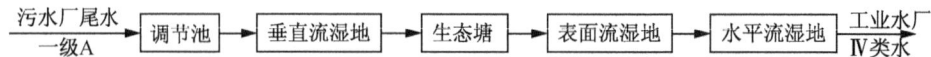

图6-1 常熟新材料产业园生态湿地中心工程技术路线图

4. 组合湿地工艺参数选择

(1)面积的确定

单面面积负荷法

$$A_s = \frac{Q \cdot (\ln C_0 - \ln C_e)}{K_t \cdot d \cdot n} \tag{6-1}$$

式中：A_s 为湿地面积，m^2；Q 为流量，t/d；C_0 为进水 COD，mg/L；C_e 为出水 COD，mg/L；K_t 为与温度有关的速率常数；d 为介质床的深度；n 为介质的孔隙度。

为了校正人工湿地的 K_t，计算公式如下：

$$K_t = 1.014 \times (1.06)^{(T-20)} \tag{6-2}$$

式中：T 为水的温度，℃。

取水温的最不利情况，即水温为 0℃ 时，计算速率常数如下：

$$K_t = 1.014 \times (1.06)^{(0-20)} = 0.316/d$$

取进水 COD 为 50 mg/L，而出水要求 COD 为 30 mg/L；设介质床深度为 0.7 m，孔隙度为 0.3，则

$$A_s = \frac{3\,000 \times [\ln(50) - \ln(30)]}{0.316 \times 0.7 \times 0.3} = \frac{1\,530}{0.066} = 23\,181\ m^2$$

(2) 水力负荷计算法

水力负荷是人工湿地设计、运行的关键参数，其关系到设计中重要的因素占地面积。根据第三章和第五章的研究结果，最佳水力负荷范围为 0.1～0.2 m/d。考虑到本次处理对象为工业园区污水处理厂二级生化尾水，成分复杂，具有难降解物质多、C/N 低等特点，尾水深度净化难度大，故水力负荷选择为 0.10 m/d。

$$S = Q/q \tag{6-3}$$

式中：S 为人工湿地面积，m^2；Q 为设计流量，t/d；q 为水力负荷，m/d。

本工程垂直流-水平流组合人工湿地面积为 30 000 m^2。

因此，结合以上两种计算方法，取两者中最大值作为设计依据。本次研究确定垂直流人工湿地面积为 20 000 m^2，水平流人工湿地面积为 10 000 m^2。该工程总水力停留时间 10 d，其中垂直流人工湿地总面积为 20 000 m^2，水力停留时间 6.67 d，本次设计分为 20 个单元，每个单元 1 000 m^2；水平流人工湿地总面积为 10 000 m^2，水力停留时间 3.33 d，分 2 组并联运行，每组单元 5 000 m^2。

植物的选择

根据第三章试验的结果，芦苇（*Phragmites australis*）具有去污能力强、耐

盐能力强、繁殖能力强、种植简单等优点,并且芦苇是常熟新材料产业园区地区常见的水生植物,为多年生禾本科的挺水植物,其根系发达,长约 0.50 m,具有较强的输氧能力。

因此,本次构建的垂直流-水平流组合人工湿地应用工程植物以芦苇科为主。

此外,工程应用中为了充分发挥组合人工湿地的景观效应和生态功能,在表面流人工湿地中选用了鸢尾(*Iris L.*)、千屈菜(*Lythrum*)、水葱(*Schoenoplectus*)等植物;生态塘中选用了沉水植物、浮水植物和挺水植物,构建出不同层次的景观效果。

5. 组合湿地水力学参数选择

(1) 滤料的选择

第三章和第五章的研究结果表明,特殊石英砂滤料 C 对于工业园区污水处理厂尾水中 NH_4^+—N、TN 和磷以及 COD 的去除效率较高。因此,本次工程设计选择与第五章相同的特殊滤料 C。

(2) 布水方式的选择

根据第五章试验的研究结果,间歇周期性布水的影响导致垂直流人工湿地在垂向空间上水分和水压存在差异,越靠近表层,影响越显著。因此,本次构建的垂直流-水平流组合人工湿地应用工程采用间歇布水,布水次数确定为 10 次/d。

6.3 垂直流-水平流组合人工湿地工程运行特性

6.3.1 垂直流-水平流组合人工湿地工程启动及运行管理

垂直流-水平流组合人工湿地工程调试是一项系统工作,首先进行单机调试,其次进行系统调试。其中,单机调试的重点是检查布水装置、液位控制阀门等关键设备,并同时注意观察植物生长。系统调试则重点关注进水方式、进水流量、液位控制高度等关键参数,以实现对垂直流-水平流组合人工湿地的优化。工程调试时间为 2014 年 7 月 1 日—9 月 15 日,共 77 d。采用工业园区实际尾水进行调试,工程调试阶段的运行参数及调试结果见表 6-2。

表 6-2　工程调试阶段的运行参数及调试结果

调试时间	控制条件	调试结果
调试初期（2014 年 7 月 1 日—7 月 31 日,31 d）	直接采用工业园区污水厂尾水驯化滤料上的微生物。间歇进水量约 750 t/d,每日分两次进水,分别是早上 9:00,下午 5:00。控制液位,保持垂直流人工湿地处于低液位,水平流湿地处于常水位	垂直流人工湿地:DO=3～4 mg/L;水平流人工湿池:DO=0～0.5 mg/L;滤料上初步形成微生物群落
调试中期（2014 年 8 月 1 日—8 月 31 日,31 d）	连续进水量约 1 500 t/d,每日连续进水。控制液位,保持垂直流人工湿地处于中-低液位,水平流人工湿地处于常水位	垂直流人工湿地:DO=3～4 mg/L;水平流人工湿池:DO=0～0.5 mg/L;滤料上初步形成稳定微生物群落;NH_4^+—N、TN、COD、TP 出水浓度分别约为 0.5 mg/L、2.0 mg/L、25 mg/L、0.06 mg/L
调试后期（2014 年 9 月 1 日—9 月 15 日,15 d）	连续进水量约 3 000 t/d,每日连续进水。控制液位,保持垂直流人工湿地处于中-低液位,水平流人工湿地处于常水位	垂直流人工湿地:DO=3～4 mg/L;水平流人工湿池:DO=0～0.5 mg/L;滤料上初步形成稳定的微生物群落;NH_4^+—N、TN、COD、TP 出水浓度分别约为 0.3 mg/L、1.5 mg/L、20 mg/L、0.03 mg/L

由表 6-2 可知,经过近 77 d 的工程调试,构建的垂直流-水平流组合人工湿地工程能较快地适应工业园区污水厂尾水水质。调试启动初期控制进水流量,间歇进水,间歇排水,持续约 31 d,负荷率 25%,垂直流人工湿地 DO=3～4 mg/L,水平流湿池 DO=0～0.5 mg/L;调试中后期逐渐增加进水量,直至满负荷运转。经过约 77 d 的调试,滤料上初步形成稳定微生物群落;NH_4^+—N、TN、COD、TP 出水浓度分别约为 0.3 mg/L、1.5 mg/L、20 mg/L、0.03 mg/L,出水水质稳定。

工业园区尾水具有水质水量变化大、有机物高、C/N 低、成分复杂等特点,在工程启动的过程中,连续进水水量和时间控制是核心,进水、出水水质和植物生长状况是关注的重点。在垂直流-水平流组合人工湿地进水水量逐渐增加的过程中,由于尾水中的污染物浓度突然升高,对系统造成了一次冲击,我们采取了减少进水流量和降低垂直流人工湿地的液位提供更多溶解氧(DO)的方式,使系统较快地恢复。这说明本次构建的垂直流-水平流组合人工湿地工程对冲击负荷具有一定的抗冲击能力。

采用 Miseq 检测技术,对垂直流-水平流组合人工湿地工程稳定运行阶段代表性滤料上的微生物进行分析，采样时间 2014 年 9 月 15 日，采集三个平行样品。结果见图 6-2。

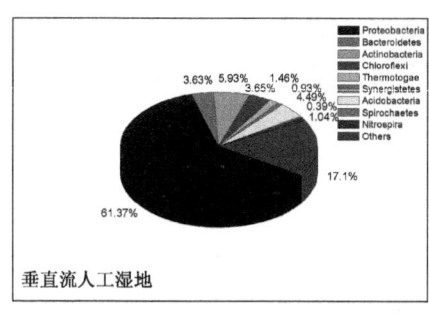 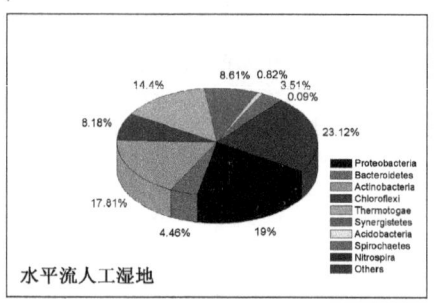

图 6-2　人工湿地工程调试后期微生物群落结构分析

由图 6-2 可知，工程稳定期微生物群落丰富。垂直流人工湿地与水平流人工湿地微生物群落结构差异性较大，分布规律与中试结果类似。其中绿弯菌门（*Chloroflexi*）所占比例（垂直流人工湿地中 3.65%，水平流人工湿地中 8.18%）相比第三章中试时有明显增加，绿弯菌门可以利用光合作用产生的能量进行自养，不仅意味着日光辐射条件较好，而且使得湿地的生态系统更为完善、健壮，有助于形成稳定的生态系统，更有效地进行污染物削减。

从工艺单元来看，垂直流人工湿地中的硝化螺菌门（*Nitrospira*）丰度达到 1.04%，相比第四章中试时垂直流人工湿地的低丰度水平（小于 0.5%，图 4-11）有明显升高。此外，相比 Ruiz-Rueda 等[106]采用的 DGGE 等半定量手段，Miseq 技术更精确地反映了垂直流人工湿地硝化菌的丰度。Peralta 等[104]同样采用高通量测序技术，对多处类别自然湿地和人工湿地进行了微生物群落鉴定，结果表明，*Nitrospira* 在各类湿地系统中均处于较低的丰度水平，为 0%～1%。这说明工程经过成功启动后，垂直流人工湿地中硝化菌得到了较高程度的富集。高丰度的硝化菌是系统中 NH_4^+—N 得以高效去除的保障。硝化菌丰度的提高，主要得益于工程采用优选的滤料和有效的布水方式，向尾水及基质中引入了较高的溶解氧，弥补了硝化菌生长缓慢且在湿地基质中生长条件较差的缺点，实现了 NH_4^+—N 的高效去除。而水平流人工湿地中，反硝化菌的总丰度为 19.2%，高于中试系统中水平流最高点的丰度 17%（图 4-16）。这说明工程经过调试后，反硝化菌群也得到了进一步的富集，确保了垂直流-水平流组合人工湿地中 TN 的高效去除。工程水平流人工湿地中微生物类别的多样性更高，这可能为反硝化菌的合理分布创造了条件。

通过对组合湿地工程微生物群落结构的分析,初步揭示了微生物结构和污染物去除之间的关系,基本反映了湿地工程的运行性能。同时,通过调控湿地液位、进水方式等参数,以及原位驯化及构建功能性微生物群落结构,可强化组合湿地工程对污染物的去除效能。

本次构建的垂直流-水平流组合人工湿地工程稳定运行期现场情况图 6-3。

(a) 工程总体运行情况

(b) 垂直流人工湿地工程现场

(c) 水平流人工湿地工程现场

图 6-3 常熟新材料产业园生态湿地中心工程现场运行情况图

综上所述,本次构建的垂直流-水平流组合人工湿地工程经过 77 d 的调试,已快速地构建了完备的微生物体系,尤其是与难降解有机物和氮素去除相关的微生物系统,植物生长良好,这些都保障了人工湿地工程的运行效能。

水生植物自 2014 年 7 月起种植,但是当年冬季,植物叶部枯萎,茎部也生长缓慢,到 2015 年 4 月,植物茎部、叶部已经非常旺盛,芦苇高度达到 1.8 m 左右。

6.3.2 垂直流-水平流组合人工湿地工程长期运行特性

1. 总体运行情况

构建的垂直流-水平流组合人工湿地工程自 2014 年 9 月 16 日至 2015 年 4

月30日稳定运行223 d。总体效果如下：NH_4^+—N、TN、COD、TP平均进水浓度分别为(2.44±1.42)mg/L、(5.36±2.58)mg/L、(44.09±15)mg/L、(0.20±0.015)mg/L，平均出水浓度为(0.28±0.18)mg/L、(1.20±0.26)mg/L、(20.28±8.20)mg/L、(0.02±0.04)mg/L，总去除率分别为88.37%、76.65%、53.43%、88.24%。主要水质指标均满足《地表水环境质量标准》中Ⅳ类水质的要求。

2. 工程长期运行情况

常熟新材料产业园生态湿地中心工程稳定运行期对NH_4^+—N去除性能的变化见图6-4。

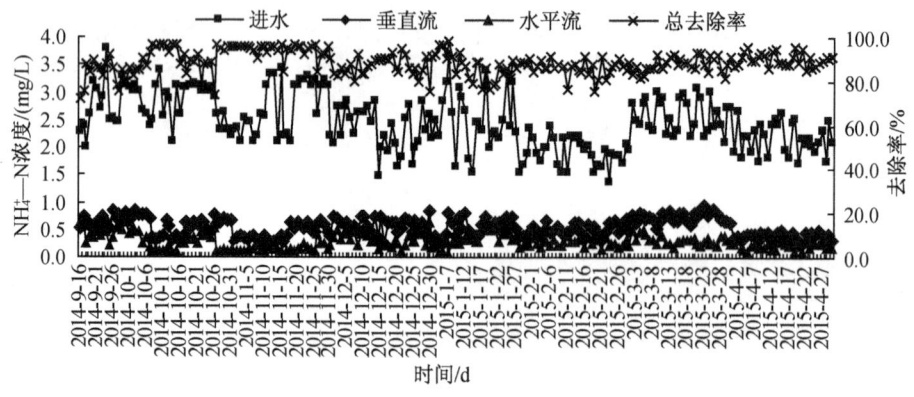

图6-4 常熟新材料产业园生态湿地中心工程NH_4^+—N变化情况

由图6-4可知，自2014年9月16日至2015年4月30日稳定运行223 d的数据显示，进水NH_4^+—N平均浓度为(2.44±1.42)mg/L，平均出水NH_4^+—N浓度为(0.28±0.18)mg/L，NH_4^+—N的平均去除率为88.37%。与第三章试验研究的81.04%相比提高了7.33%。分析原因主要有两方面：一方面，垂直流人工湿地采用先进的自动布水装置，实现了精准、均匀布水，提高了大气复氧的效果，改善了垂直流人工湿地中溶解氧的含量，强化了硝化菌的硝化作用；另一方面，通过对工程的调试和运行，垂直流人工湿地的滤料上已经形成了比中试更为丰富的微生物菌群，促进了NH_4^+—N的硝化作用，为TN的反硝化提供了基础。因此，工程出水NH_4^+—N浓度很低，满足NH_4^+—N浓度在1.0 mg/L以下的要求，符合《地表水环境质量标准》中的Ⅲ类水质的标准。

常熟新材料产业园生态湿地中心工程稳定运行期对TN的去除性能变化见图6-5。

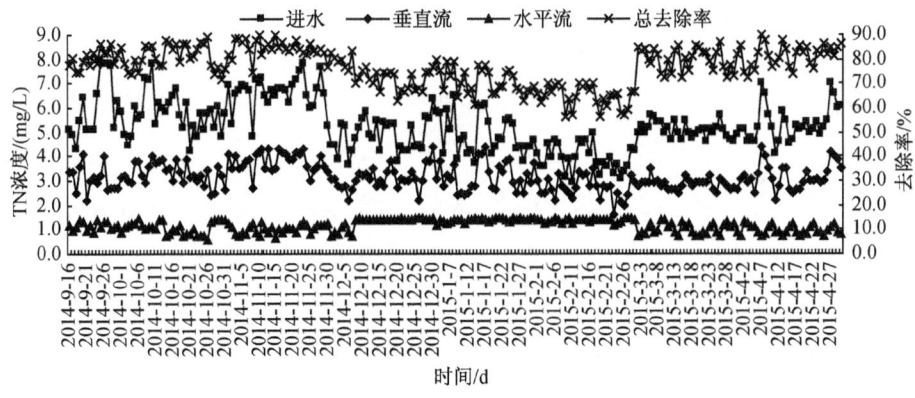

图 6-5　常熟新材料产业园生态湿地中心工程 TN 变化情况

由图 6-5 可知,自 2014 年 9 月 16 日至 2015 年 4 月 30 日稳定运行 223 d 的数据显示,进水 TN 平均浓度为(5.36±2.58)mg/L,平均出水 TN 浓度为(1.20±0.26)mg/L,TN 的平均去除率为 76.65%。与第三章试验研究的 72.30% 相比提高了 4.35%。分析原因主要有两方面:一方面,在垂直流-水平流组合人工湿地工程应用中,硝化作用得到进一步提升,解决了硝化作用对 TN 去除的限制性步骤,为反硝化提供了基础;另外一方面,水平流湿地对 NO_3^-—N 的去除效率得到了一定的强化。因此,工程出水 TN 浓度满足在 1.5 mg/L 以下的要求,符合《地表水环境质量标准》中Ⅳ类水质的标准。

常熟新材料产业园生态湿地中心工程稳定运行期 COD 变化情况见图 6-6。

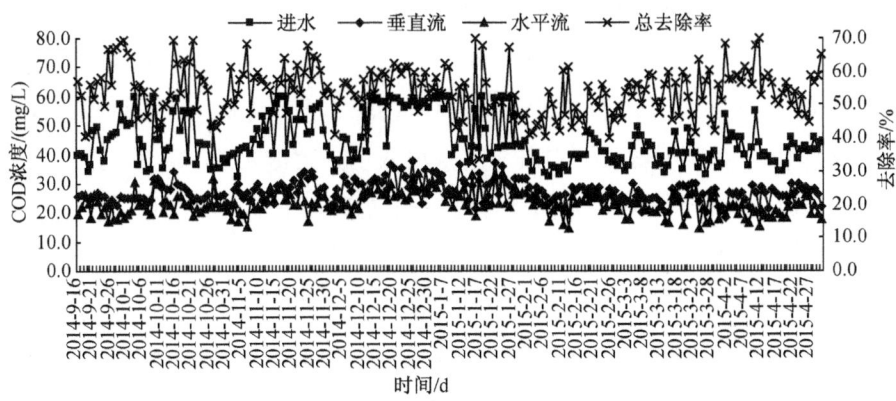

图 6-6　常熟新材料产业园生态湿地中心工程 COD 变化情况

由图6-6可知,自2014年9月16日至2015年4月30日稳定运行223 d的数据显示,进水COD平均浓度为(44.09±15)mg/L,平均出水COD浓度为(20.28±8.20)mg/L,COD的平均去除率为53.43%。与第三章试验研究的33.70%相比提高了19.73%。COD去除率基本保持稳定,垂直流人工湿地良好的布水效果和完备的微生物菌群是COD去除的主要原因。因此,工程出水COD浓度满足在30 mg/L以下的要求,符合《地表水环境质量标准》中Ⅳ类水质的标准。

常熟新材料产业园生态湿地中心工程稳定运行期TP变化情况见图6-7。

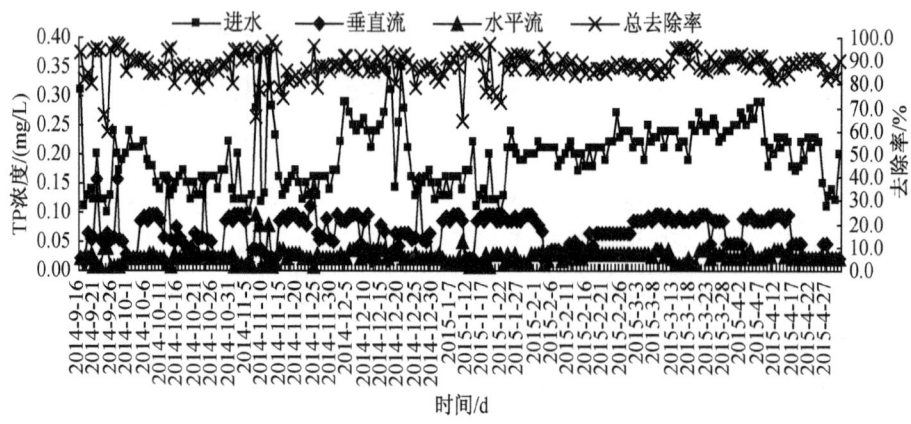

图6-7 常熟新材料产业园生态湿地中心工程TP变化情况

由图6-7可知,自2014年9月16日至2015年4月30日稳定运行223 d的数据显示,进水TP平均浓度为(0.20±0.015)mg/L,平均出水TP浓度为(0.02±0.04)mg/L,TP的平均去除率为88.24%,与第三章试验研究的79.72%相比提高了8.52%。因此,工程出水TP浓度很低,满足TP浓度在0.1 mg/L以下的要求,符合《地表水环境质量标准》中Ⅱ类水质的标准。

组合湿地工程稳定运行期TN、COD和TP的总去除率分别为76.65%、53.43%和88.24%,远高于Czudar等[151]采用人工湿地处理工业废水的研究结果(TN去除率22%、COD去除率52%、TP去除率43%)。在氮的去除方面远远高于Bulc等[152]采用VF-HF组合湿地处理印染废水的TN去除率52%的中试研究结果。

6.4 垂直流-水平流组合人工湿地工程应用经济性分析

6.4.1 工程投资分析

建设工程固定资产投资包括第一部分工程费用、第二部分工程建设其他费和预备费用[153]。其中第一部分工程费用包括土建费、设备材料购置费和安装工程费。本工程以园区广场和绿地用地为依托,土地征用费用未列入。

1. 工程投资费用

(1) 第一部分：工程费用

① 土建费

土建费包括土建直接费、现场费等。其中土建直接费用包括土方工程、挡土墙、垫层、混凝土基础等,详见表6-3。

表6-3 土建费用表

序号	项目名称	项目特征描述	计量单位	工程量	综合单价	合价
一、		工程直接费				506 805
1	垫层	C10砼垫层	m^2	139	379.14	52 700.46
2	碎石铺设	滤床表面碎石规格16-32,冲洗处理,人工铺设	m^3	1 500	233.33	349 995
3	挡墙基础	20 cm厚的C25砼	m^3	198	402.27	79 649.46
4	实心砖墙	1砖厚的弧形挡土墙,M5水泥混合砂浆砌筑	m^3	40	431.39	17 255.6
5	混凝土基础	C25砼基础	m^3	16	450.29	7 204.64
二、		现场经费				16 724
6		1. 临时设施费	—		(一)×1.8%	9 122
7		2. 现场经费	—		(一)×1.5%	7 602
		合计				523 529

② 设备材料购置费

人工湿地设备材料费主要包括滤料、防水垫层、植物、布水及集水管道,详见

表6-4。

表6-4 设备材料费

序号	项目名称	项目特征描述	计量单位	工程量	金额/元 综合单价	金额/元 合价
1	滤料	滤料铺设,成套	m³	19 983	135.06	2 698 903.98
		排水层滤料铺设	m³	4 729	95.81	453 085.49
		过渡层滤料铺设	m³	2 781	95.81	266 447.61
2	防水垫层	土工布(200 g)	m²	91 680	9	825 120
		HDPE防渗(1.0 mm)	m²	40 840	22.92	936 052.8
3	植物	芦苇	株	156 900	1.5	235 350
		灯心草	株	12 150	1.8	21 870
		香蒲	株	22 050	2.3	50 715
		莎草	株	2 250	2	4 500
		菖蒲	株	3 600	2.3	8 280
		千屈菜	株	6 300	2.5	15 750
		水葱	株	5 850	2	11 700
		鸢尾	株	5 400	1	5 400
		慈姑	株	4 950	1.5	7 425
		木贼	株	3 060	2.3	7 038
		水葱	株	450	2	900
		苔草	株	540	2.5	1 350
		三棱草	株	900	2.5	2 250
		黄睡莲	株	200	3.5	700
		睡莲	株	200	3.5	700
		荷花	株	400	3	1 200
4	管道	布水、集水管	套	1	228 600	228 600
		合计				5 783 337.88

③ 安装工程费

人工湿地安装工程费主要包括塑料管件安装、盲(堵)板安装、布水孔开孔等,此部分工程费计入土建费。

(2) 第二部分：工程建设其他费

人工湿地工程工程建设其他费包括地质勘查费、联合试运转费、监理费、质监费等，详见表6-5。

表6-5 工程建设其他费

序号	费用名称	取费说明	费率/%	费用金额/万元
1	地质勘查费	工程费用	0.5	3.17
2	联合试运转费	工程费用	0.5	3.17
3	监理费	工程费用	0.5	3.17
4	质监费	工程费用	0.1	0.63
	合计			10.14

(3) 工程预备费

工程预备费按照按第一、二部分之和的3%计。

(4) 工程总费用

人工湿地总费用见表6-6。

表6-6 工程总概算表

序号	项目	费用/万元	百分比/%
一、	第一部分：工程费	630.68	95.6
1	土建费	52.35	7.9
2	设备购置费	578.33	87.6
1)	滤料费用	341.84	51.8
2)	防水垫层费用	176.11	26.7
3)	植物费用	37.52	5.7
4)	水管费用	22.86	3.5
3	安装工程费	0.0	0.0
二、	第二部分：工程建设其他费	10.14	1.5
三、	工程预备费	19.22	2.9
	合计	660.04	100

2. 运行成本分析

人工湿地运行和维护成本主要为电费和人工费，其中人工费中包括运行费

(测试、水位调节、日常巡逻)和维护费(流量控制、杂草清除等)。

(1) 电费

主要包括电动阀、回流泵、照明等。实际日耗电量为 246.6 kWh,电价为 0.50元/度,则电费为:

$$E_1 = 246.6 \times 0.5/3\,000 = 0.04\, 元/t\, 废水$$

(2) 人工费

水位应该定期检查,以保证垂直流-水平流组合人工湿地系统中不发生漫流现象但又有水流通过系统。杂草清除是为了保持人工湿地的景观,包括从垂直流人工湿地上去除杂草。水平流人工湿地中的植物残骸只要不影响水流即可保留。水量分布和收集系统的定期检查应该成为系统运行工作的一部分。应该定期检查和清洗带有流量计的分流装置。

工程应用中,植物主要以芦苇为主,芦苇一般生长很快,若干年后会形成非常稳定强大的植物种群。冬季,芦苇的地面部分枯萎,覆盖在湿地滤床上,春季又重新生长发芽。湿地在运行过程中,植物的收割要根据实际运营的情况而定。根据《人工湿地污水处理技术导则》(RISN-TG 006—2009),通常,每4~5年可进行一次芦苇收割,收割的芦苇可以堆肥处理或制作合成木质材料,以实现资源的合理利用。因此,湿地植物很少收割,即使收割费用也很低,并且可资源化。

$$E_2 = 0.10\, 元/m^3\, 废水$$

1 t 水直接处理成本为:$E = E_1 + E_2 = 0.04 + 0.10 = 0.14\, 元/t\, 废水$。

6.4.2 综合效益分析

1. 环境效益

生态湿地处理中心项目建设后,不产生二次污染。园区工业水厂每天可减少取水量3 000 t,每年节约水资源99万 t。生态湿地处理中心建成后,水污染物排放量将得到大幅削减,COD、NH_4^+—N、TN、TP 年削减为19.8 t、3.465 t、13.365 t、0.198 t。

2. 生态效益

构建的垂直流-水平流组合人工湿地工程生态系统具有很强的储碳、固碳能力,有资料表明,长江口典型湿地植物[如芦苇(*Phragmites australis*)]的储碳、固碳能力强,达 1.11~2.41 kg/(m² · a)。根据计算,本项目湿地固碳能力达 33.3~72.3 t/a,能有力地促进工业园区减碳目标的实现。

3. 经济效益

生态湿地处理中心项目建设后,园区工业水厂每天可减少取水量 3 000 t,每年节约水资源 99 万 t。

6.4.3 与其他深度处理技术的经济性比较

工业园区尾水垂直流-水平流组合人工湿地深度处理工艺与混凝沉淀＋砂滤＋臭氧＋BAC、膜技术的经济性比较(以 3 000 t/d 处理规模为例)见表 6-7。

表 6-7　人工湿地与其他深度处理技术费用对比表　　单位:万元

处理方法	工程投资	运行费用	合计
垂直流-水平流组合湿地	660.04	207.9	867.94
混凝沉淀＋砂滤＋臭氧＋BAC	562.96	737.48	1 300.44
膜技术	437.03	1 118.54	1 555.57

注:1. 混凝沉淀＋砂滤＋臭氧＋BAC,滤料按 8 年更新一次考虑,运行成本 0.449 元/t 水。
　　2. 膜技术,膜按 6 年更换一次考虑,运行成本 0.681 元/t 水。

由表 6-7 可知,以 3 000 t/d 园区尾水深度处理为例,按照运行 15 年考虑,垂直流-水平流组合湿地技术总费用为 867.94 万元,混凝沉淀＋砂滤＋臭氧＋BAC 总费用为 1 300.44 万元,膜技术总费用为 1 555.57 万元。垂直流-水平流组合人工湿地虽然建设成本略高,但这是由园区尾水的特点所决定的,为了达到 Ⅳ 类水质标准,人工湿地系统需要较大的面积,因而建造成本较高;而 15 年总费用则是人工湿地最低,为臭氧＋BAC 工艺的 31.2%,膜技术的 20.6%。因此,综合来看,垂直流-水平流组合人工湿地工程总投资相对较低。

6.5　本章小结

本章将第三、四、五章构建的垂直流-水平流组合人工湿地及其优化设计和调试方法应用于常熟新材料产业园生态湿地中心工程,验证其技术和经济可行性,结果表明:

(1) 针对工业园区污水处理厂尾水水质水量波动大、难降解有机物高、B/C值较低、C/N比例失调的特点,将构建的垂直流-水平流组合人工湿地应用到3 000 t/d的常熟新材料产业园区生态湿地中心工程中。通过逐步增加系统进水水量、合理进水方式和液位控制等关键方法,实现了工程的稳定启动。采取减少进水流量和降低垂直流池液位以提供更多溶解氧的方式,成功处理了调试中的一次冲击,使系统较快地得到了恢复。

(2) 本章构建的垂直流-水平流组合人工湿地工程自 2014 年 9 月 16 日至 2015 年 4 月 30 日稳定运行 223 d。NH_4^+—N、TN、COD 和 TP 主要水质指标均符合《地表水环境质量标准》中Ⅳ类水质的标准,其中 NH_4^+—N 符合《地表水环境质量标准》中Ⅲ类水质的标准,TP 符合《地表水环境质量标准》中Ⅱ类水质的标准。本工程 NH_4^+—N、TN、COD 和 TP 的总去除率分别为 88.4%、76.7%、53.4%和88.2%,高于同行研究成果,说明本次构建的垂直流-水平流组合人工湿地应用于工业园区尾水深度处理技术上可行。

(3) 组合湿地工程每年节约水资源 99 万 t,NH_4^+—N、TN、COD、TP 污染物每年分别削减 3.465 t、13.365 t、19.8 t、0.198 t。与其他深度处理技术相比,工程总费用相对较低,因此,具有较好的推广应用价值。

第七章
基于模块化组装的尾水生态净化工艺优化方案研究

7.1 生态净化模块

7.1.1 人工湿地模块

人工湿地污水处理系统是 20 世纪 70 年代发展起来的一种污水处理技术，是一种人为建造的并可进行监督控制的生态系统。湿地系统净化污染水体，是利用生态系统中物理、化学和生物的三重协同作用，通过过滤、吸附、沉淀、离子交换、植物吸收和微生物分解来实现对污染水体的高效净化，具有效率高，投资、运行及维护费用低，适用面广，耐冲击，负荷强等优点。另外，人工构建的生态系统，可产生良好的景观效果，并为野生动物，尤其是候鸟提供栖息地。

1. 人工湿地的类型

人工湿地按照系统布水方式的不同，可划分为三种类型：表面流人工湿地（Surface Flow Wetland，SFW）、潜流型人工湿地（Sub-surface Flow Wetland，SSFW）和垂直流人工湿地（Vertical Flow Wetland，VFW）。不同类型的人工湿地对特征污染物的去除效果不同，并具有各自的优缺点，见表 7-1。

（1）表面流人工湿地

污水从表层经过，自由水面的自然复氧有利于硝化作用的产生。具有投资和运行费用低，建造、运行和维护简单等优点，其缺点是占地面积较大，污染物负

表 7-1 各类人工湿地的特点

湿地类型	优点	缺点
表面流人工湿地	污水以较慢的速度从湿地表面流过,氧气来源于水面扩散与根系传输,投资少,操作简单,运行费用低	占地面积大,水力负荷小,净水能力有限,夏天易滋生蚊蝇
水平流人工湿地	水力负荷大,对 BOD_5、COD、SS 和重金属等处理效果好,少有蚊蝇	长时间运行后,一些代谢物、腐烂的植物根系、污水中 SS 堵塞填料孔隙,影响使用寿命
垂直流人工湿地	占地面积小,氧气供应能力强,硝化作用充分,对 N 的去除率高,受气候影响小	污水的流程较短,反硝化作用较弱,运行相对复杂,工程技术要求较高

荷和水力负荷率较小,去污能力有限。由于其水面直接暴露在大气中,除了易滋生蚊蝇、产生臭气和传播病菌外,其处理效果受温差变化影响也较大。

(2) 水平流人工湿地

该系统中,污水在湿地床的内部流动,一方面可以充分利用填料表面生长的生物膜、分布的植物根系及表层填料截留等的作用净化污染物,对 BOD_5、COD_{Cr}、SS 及重金属的处理效果好,但水力负荷、污染负荷较大;另一方面,由于水流在地表以下流动,故其保温性较好、处理效果受气候影响小、卫生条件较好。但由于地下区域常处于水饱和状态,易造成厌氧环境,不利于湿地好氧反应的进行。相对于表面流湿地,其工程造价较高。

(3) 垂直流人工湿地

该类型湿地水流状况综合了表面流湿地和水平潜流湿地的特点,污水由表面纵向流至床底。此外,垂直流系统常常采用间歇式进水,湿地床体处于不饱和状态,氧气通过大气扩散和植物根的输氧进入湿地,硝化能力强,适用于处理高氨氮含量的污水。

2. 人工湿地工艺的特点

人工湿地是在土地处理、稳定塘、生物滤池等污水处理技术基础上发展起来的一种由人工构造并控制的主要利用天然净化能力的污水处理技术,它利用微生物、湿生植物、动物等一系列生物的代谢活动,综合了物理的、化学的、生物的复杂过程,使污水中的污染成分得以转化和降解,使之无害化或转化为生态系统可利用的物质。在具备条件的地方,人工湿地是一种投资少、运行费用低的污水高效净化技术。

由人工湿地的原理和功能可以看出,人工湿地在处理水质方面有着极大的优势和效果。同时,在湿地床上种植具有较强净水能力及景观效果的湿地植物,可在净化水质的同时起到极好的景观效果。

人工湿地技术的特点:

① 通过湿地生物及氧化作用,能较好地降低水体COD;

② 通过湿地填料吸附、截留作用,能在大幅降低水中SS的同时高效去除氮磷,并保持水色清澈;

③ 湿地床填料对水体中磷具有较强的吸附固定能力,同时通过植物的吸收及生物量的移除,能大大降低水体中P的含量;

④ 植物系统的吸附、干燥、过滤、生物性吞噬等作用可去除水体中病原体;

⑤ 人工湿地系统净化出水水质较好,出水水质稳定;

⑥ 人工湿地系统对进水负荷变化适应性强;

⑦ 建设成本低,运行费用少;

⑧ 无污泥产生,避免了污泥处置;

⑨ 不污染地下水;

⑩ 可与周边景观相结合,呈现较好自然生态景观。

3. 人工湿地净化污染物的机理

(1) 有机物降解机理

在进入湿地单元后,绝大多数难溶性有机污染物在湿地前端即以SS的形式通过沉淀、过滤、吸附等作用被截留在填料中。随后,这部分有机污染物逐渐被微生物降解、矿化,或向底部沉积而后趋于稳定,从而首先从污水中被去除。有机物的去除既有填料截留、微生物降解等的单独作用,又有植物、微生物、填料等在根际系统内的协同净化。湿地系统的各组成部分通过这种协同配合实现了对有机污染物的去除。

(2) 人工湿地脱氮机理

人工湿地的脱氮途径主要有三种:植物和其他生物的吸收作用、微生物的氨化、硝化和反硝化作用以及氨气的挥发作用。其中,微生物的硝化和反硝化作用是人工湿地主要的脱氮方式,特别是当污水中NO_3^-—N含量比较高时,它是最主要的脱氮方式。在人工湿地处理系统中,约有90%的氮是通过微生物的硝化、反硝化作用去除的,10%的氮通过植物吸收和沉积物的积累去除,氨气的挥发作用可以忽略。

(3) 人工湿地除磷机理

人工湿地通过水生植物、填料以及微生物的共同作用来完成对磷的去除。水生植物对磷的去除主要是通过其自身的吸收作用，不同植物及植物的不同部位对磷的去除能力不同；另外，对湿地植物的收割频率也会影响人工湿地对磷的去除率。微生物可将有机磷分解成无机磷酸盐。当污水流经湿地时，填料可通过吸附、过滤、沉淀、离子交换功能等使污水中的磷得以去除。可溶性的磷化物可与湿地填料中的 Al^{3+}、Mg^{2+}、Ca^{3+} 等发生反应，形成不溶性的磷酸盐，一般认为磷酸盐是与填料中的金属离子发生配位体交换反应，从而沉淀在填料表面的。

7.1.2 稳定塘模块

稳定塘是一种污水的生物处理措施，又称氧化塘、生物塘。稳定塘净化污水的原理与自然水域的自净机理十分相似，污水在塘内滞留的过程中，水中的有机物通过好氧微生物的代谢活动被氧化分解，或经过厌氧微生物的分解而达到稳定化的目的。好氧微生物代谢所需的溶解氧由塘表面的大气复氧作用以及藻类的光合作用所提供，有时也可以通过人工曝气来补充供氧。

稳定塘是复杂的半人工生态系统。稳定塘生态系统由生物及非生物两部分构成，其中生态系统部分主要有细菌、藻类、原生动物、后生动物、水生植物以及高等水生动物；非生物部分主要包括光照、风力、温度、有机负荷、pH 值、溶解氧、二氧化碳、氮和磷营养元素等。细菌与藻类的共生关系构成了稳定塘的重要生态特征。在光照及温度适宜的条件下，藻类利用二氧化碳、无机营养和水，通过光合作用合成藻类细胞并放出氧气。异养菌利用溶解在水中的氧降解有机质，生成 CO_2、NH_3、H_2O 等，而后又成为藻类合成的原料，其结果是污水中的溶解性有机物逐渐减少，藻类细胞和惰性生物残渣逐渐增加并随水排出。

在稳定塘中，细菌和藻类是浮游动物的食料，而浮游动物又可作为鱼类的食物，高等水生动物也可以直接以大型藻类和水生植物为饲料，形成多条食物链，构成稳定塘中各种生物相互依存、相互制约的复杂生态系统。稳定塘生态系统中非生物组成部分的作用也是非常重要的。光照会影响藻类的生长及水中溶解氧的浓度，温度会影响微生物的代谢作用，有机负荷则会对塘内细菌的繁殖及氧、二氧化碳含量产生影响，pH 值、营养元素等也可能成为制约因素。

1. 稳定塘的分类

稳定塘按塘内充氧状况和微生物的优势群体不同,可分为好氧塘、兼性塘、厌氧塘和曝气塘四种类型。按照处理后达到的水质要求,又可分为常规塘和深度处理塘。按照出水的连续性和出水量,可以分为连续塘和贮存塘。不同类型的塘可以单独用于污水处理,也可以将多种类型的稳定塘组合起来。在稳定塘污水处理系统中,常常出现系统的各种组合方式,有各类塘不同排列的组合,有串联和并联的组合,有带回流或多级配水的串联组合等。

2. 稳定塘的工艺特点

作为污水生物处理技术,稳化塘具有一系列较为显著的优点,主要有:

(1) 能够充分利用地形,工程简单,建设投资省;

(2) 能够实现污水资源化,使污水处理与利用相结合;

(3) 氧化塘依靠自然功能处理污水,能耗低,便于维护,运行费用低。

3. 稳定塘净化污染物的机理

(1) 对有机物的去除机理

在稳定塘中,有机物主要通过微生物降解、有机物吸附、有机颗粒的沉降和截滤作用来去除。稳定塘对 BOD_5 的去除率通常较高,在三级处理塘中,BOD_5 的去除率常高达 80%,而在整个塘系统中,BOD_5 的去除更常高达 90% 以上。然而,在高温期时,多级塘系统内常出现 BOD_5 先降低再升高的现象,这主要是由于藻类的生长所引起的,且 BOD_5 含量的升高与水体内藻类等有机颗粒的增长具有较高的相关性,因而 BOD_5 的升高主要是受藻类释放有机物的影响。

(2) 对氮的去除机理

在稳定塘系统中,TN 的主要去除机制为硝化/反硝化、水生植物吸收、NH_3 挥发这三个过程。由于稳定塘内缺乏微生物生长所需的基质且 NO_3^-—N 浓度偏低,硝化/反硝化对 TN 的去除较低,在 HRT(水力停留时间)较长的稳定塘系统内氨氮挥发作用仍是 TN 的主要去除方式。高温期稳定塘水体表面 pH 值常高达 10 以上,NH_3 挥发速率迅速升高。当 pH 值常小于 10 时,NH_3 挥发速率一般。

(3) 对磷的去除机理

在稳定塘系统中,磷的去除涉及底泥对 PO_4^{3-} 的吸附/解吸、有机磷氨化、磷的扩散、水生植物吸收等多种机制的共同作用,一般认为水生植物及底泥类型对磷去除过程影响较大。

7.2 生态净化技术模块组装工艺流程

7.2.1 场地的选择

人工湿地处理工艺所需的占地面积与传统的二级生物处理法相比要大些。有资料表明,处理单位体积的污水。人工湿地的用地面积为传统一组生物处理法的1～3倍,因此,采用人工湿地工艺处理污水时,应因地制宜确定场地,尽量选择有一定自然坡度的洼地或经济价值不高的荒地或厂区绿化用地、河道、人工湖等,一方面减少土方工程量并有利于排水、降低投资,另一方面防止对周围环境造成影响。

7.2.2 湿地植物的选择

1. 植物选择的原则

植物是湿地中必不可少的一部分。植物在碎石等基质内为微生群落创造有利的活动场所,并通过自身的生长协助湿地内的物理、化学、生物等作用而去除水中的污染物,同时成为景观绿化的一部分。因此,植物的选择十分重要。一般人工湿地处理系统在选择植物时应遵循下列原则。

(1) 植物有发达的根系

植物除了根系具有固定及吸收功能外,湿地处理系统中的植物如芦苇等,还具有以下作用:

① 植物的根(匍匐茎)纵横生长,疏通生长培养基,为水流提供通道;

② 来自大气的氧气通过植物的叶和秆传入根系,再通过空心的根茎和根系(由根部几列皮层薄壁细胞互相分离,然后解体而形成的腔道—气腔;根、茎、叶的气腔互相贯通,形成良好的通气组织)再传到根系外部。所以,发达的根系有利于植物吸收氧气及营养物的运输、交换,能在根部形成良好的微生物活动环境。

(2) 有相当大的生物量或者茎叶密度

绿色植物的光合作用是地球上从无机物(CO_2和H_2O)合成有机物的主要过程,也是直接将太阳能转变为化学能的唯一途径,植物的生长,依靠光合作用利用太阳光能合成碳源并积累能量,其余植物生长所需的养分或者生长所需要的

"必要元素"和"微量元素",则是从水中吸取的。植物从根外吸收营养物后,在体内运输,再重新合成自身的物质,这样水中的营养物就进入植物体内,并合成其自身的物质,形成了自身的生物量。

在人工湿地处理系统中,植物发达的根系有利于从水中吸收更多的物质,植物的生长量越大,意味着植物光合能力越强且能从水中吸收更多的营养(包括原污水中的及被微生物分解形成的)来形成自身的物质,所以,污水中的营养物质(有机物、氮、磷等)减少得也越多。植物的根、茎、叶在构造上和生理上是互相联系和互相影响的,体现了植物的整体性,即是"本固枝荣、根深叶茂"。

（3）有最大的表面层作为微生物群落活动的场所

微生物把废水中的有机质进行分解、矿化,形成小分子的有机物和无机盐,其生化反应类型包括好氧、兼氧和厌氧过程。在根部,由于根释放氧气,因此形成富氧区,有利于好氧性微生物的活动;而在滤床的其他地方,则由兼氧和厌氧性微生物发挥作用。

（4）植物要有较强的运输氧能力

植物的通气组织要发达,叶片进行光合作用所释放的氧,部分可以从气腔进入根部,供给根部呼吸的需要,多余的氧再传到根外,使根部好氧性微生物的活动加强,分解有机物的速度加快,促进有机污染物质的氧化。

（5）多种植物组合

人工湿地中多种植物组合使地上部分形成高低错落的种群,能更加充分地利用太阳光能;地下部分根系深浅交错,形成较好的根系结构,使好氧性微生物活动范围加大,也有利于有机物质的分解和有毒物质的氧化。

（6）应以乡土植物为主

植物的生长受多种因素的影响,植物的生长因素包括日照、温度、湿度、土壤(生长培养基)、地形、地势及人为因素等。乡土植物最能适应当地的环境条件,同时,种苗的挖取、运输也方便。

（7）有一定的经济价值

植物的选择应尽量考虑可增加湿地系统生物多样性的品种。生态系统的物种越多,结构越复杂,其稳定性就越高。国外对芦苇、香蒲、灯心草、水葱、竹等植物进行了大量的研究,结果表明不同的植物对湿地内污染物的去除效率是不同的。去除效率的不同还和湿地内废水的性质、当地的气候、土壤等性质有关。季节性和挺水植物比一年生植物和沉水植物具有更高的去除营养物的能力。人工湿地种植的水生植物有多年生的,也有一年生的草本植物,废水中丰富的营养物质使植物快速生长,因此必须进行收割。收割虽可带来一定的经济效益,但也给湿地系统的管理带来了麻烦,通过收割植物可以彻底地从湿地中去除一部分被植物所吸收的营养元素,其余营养元素则留在水下或根部作为新出植物的营养。重复收割可以加快营养物从湿地中的去除,但频繁收割可能会使根部营养缺乏,破坏其正常生长。

2. 栽种植物的类型

在人工湿地系统的设计过程中,应考虑尽可能地增加湿地系统的生物多样性。因为生态系统的物种越多,其结构组成越复杂,其稳定性就越高,因而对外界干扰的抵抗能力也就越强。这样可提高湿地系统的处理能力,延长湿地系统的使用寿命。综合考虑这些因素,工程中的挺水植物可选取芦苇、美人蕉、香蒲、茭白、再力花、鸢尾、黑麦草、水芹、水葱等(见图7-1),主要种植在蓄水塘、兼性塘和稳定塘的塘边,生态廊道的两侧以及表面流人工湿地中。

(a) 芦苇

(b) 美人蕉

(c) 鸢尾

(d) 再力花

第七章 基于模块化组装的尾水生态净化工艺优化方案研究

(e) 黑麦草   (f) 水葱

图 7-1 挺水植物情况

(1) 芦苇:芦苇属于禾本科芦苇属,为多年生高大挺水草本植物,广泛分布于我国温带和热带的海滨、湖边、沼泽,适应性强,地下茎具有强劲的营养繁殖能力。芦苇对土壤要求不严,耐盐,可以在潮湿无水和水深 1 m 左右处正常生长,生长季节长,生长快,产量高,可用于造纸、编织和药材等,具有较大的经济价值。同时其对污染物抗性强,具有一定的净化分解能力,芦苇是国内去除污染物能力研究较多的挺水植物,去除氮磷能力较强,芦苇除本身吸收氮磷外,对有机物、硫化物、氰化物、酚、石油类、重金属等也有一定的去除作用。芦苇根部造成的湿生环境,对污染物的吸收和吸附作用很大,同样有较好的净化效果。

(2) 美人蕉:为多年生草本植物,地下具有粗壮肉质根茎,茎直立不分枝。叶互生,叶片宽大,叶柄呈鞘状。蒴果球形,种子黑褐色。花期为夏秋季节。美人蕉具有一定的耐寒性和耐污性,生命力强,在净化尾水的同时还具有很好的景观效果。

(3) 鸢尾:为多年生宿根性直立草本,高约 30～50 cm。根状茎匍匐多节,粗而节间短,浅黄色。叶为渐尖状剑形,宽 2～4 cm,长 30～45 cm,质薄,淡绿色,呈二纵列交互排列,基部互相包叠。春至初夏开花,花期为 4—6 月,果期为 6—8 月。鸢尾耐寒性较强,亦耐寒和半阴环境。

(4) 再力花:为多年生挺水草本植物。叶卵状披针形,浅灰蓝色,边缘紫色,长 50 cm,宽 25 cm。复总状花序,花小,紫堇色。花柄可高达 2 m 以上,生物量大且景观效果好,是近年新引入我国的一种观赏价值极高的挺水花卉,耐污能

143

力强。

（5）黑麦草：为禾本科黑麦草属，在春、秋季生长繁茂，草质柔嫩多汁，适口性好，是牲畜的好饲料。供草期为10月至次年5月，夏天不能生长。黑麦草须根发达，适宜土壤pH值为6~7。播种时间9月上旬至11月上旬，可以自然越冬。

（6）水葱：为多年生宿根挺水草本植物。株高1~2 m，茎杆高大通直，杆呈圆柱状，中空。根状茎粗壮而匍匐，须根很多。花果期6—9月。水葱分布于我国东北、西北、西南各省，较耐寒，在北方大部分地区地下根状茎在水下可自然越冬。

浮叶植物可以选择荷花、睡莲、菱角、王莲、萍蓬草等，主要种植在蓄水塘和稳定塘内具有一定水深的地方（图7-2）。浮叶植物生长迅速，可以从水体中大量吸收氮、磷等营养元素。

（a）睡莲　　　　　　　　　　　　（b）荷花

（c）王莲　　　　　　　　　　　　（d）萍蓬草

图7-2　浮叶植物情况

工程选取的沉水植物主要有菹草、伊乐藻、苦草和马来眼子菜(见图7-3)。沉水植物的根或根状茎生于水体底泥中,茎、叶全部沉没于水中,仅在开花时花露出水面。很多研究表明,沉水植物可以抑制生物性和非生物性悬浮物质,改善水下光照和溶解氧条件。

(a) 菹草　　　　　　　　　　　　(b) 伊乐藻

(c) 苦草　　　　　　　　　　　　(d) 马来眼子菜

图 7-3　沉水植物情况

(1) 菹草:为多年生沉水植物,生于池塘、湖泊、溪流中,静水池塘或沟渠较多,水体多呈微酸至中性,分布于我国南北各省。其生命周期与多数水生植物不同,在秋季发芽,冬春生长,4—5月开花结果,夏季6月后逐渐衰退腐烂,同时形成鳞枝(冬芽)以度过不适环境。冬芽坚硬,在水温适宜时才开始萌发生长。菹草对重金属有较高的富集能力,用含锌混合废水栽培一个月左右,体内含锌量超过原来含锌量的8倍;它的自然含砷量在6 ppm左右,在含砷酸氢二钾、硫酸锌、氯化汞、重铬酸钾各2 ppm的混合废水的栽培下,菹草体内的含砷量可超过原来含砷量的 16 倍。

(2) 伊乐藻：为一年生沉水植物，是一种优质、速生、高产的沉水植物，与我国淡水水域中分布的黑藻、苦草同属水鳖科，于 20 世纪 90 年代经中科院南京地理与湖泊研究所从日本引进。伊乐藻不仅可以在光合作用的过程中释放出大量的氧，还可大量吸收水中不断产生的氨氮、二氧化碳，这对稳定 pH 值，使水质保持中性偏碱，增加水体透明度有着非常积极的作用。伊乐藻适应力极强，春季生长最快，夏季生长停滞或部分死亡。只要水上无冰即可栽培，气温在 5℃ 以上即可生长，在寒冷的冬季能以营养体越冬，当苦草、轮叶黑藻尚未发芽时，该草已大量生长。

(3) 苦草：是河流、湖泊常见的沉水植物，无直立茎，其生长的营养来自地下根部，从基质中吸取，并且依赖带形的大量叶片从水体中吸收营养物质。苦草在春季发芽时就生成了大量根状茎，形成了致密的丝状体幼芽，幼芽向上生长出绿叶进行光合作用，向下伸出须状根从基质中吸收营养。有研究表明，苦草对总磷的去除效果较好，去除率可达 90.8%，对总氮去除率为 81.2%。

(4) 马来眼子菜：多年生沉水草本植物，地下茎发达。叶线状披针形或长椭圆形，长 8～12 cm，宽 2.5～3 cm，叶脉 2 条，明显，黄色，有长柄，托叶膜质。仅有沉水叶，先端急尖，叶缘波状，具有不规则的锯齿，叶柄长 2～5 cm。穗状花序顶生或假腋生。果鸭头形，2.4 mm，有光泽，背脊 3 棱，褐黄色。生于地质较硬的湖泊、池塘和河道中。花期 6—10 月，果期 7—11 月，对总氮去除效果较好，去除率达 86.6%，对总磷去除率达 86.2%。

7.2.3 湿地滤料的选择

基质的选择应因地制宜，一般选择碎石，也可以选择渗透性好的砂土。碎石有较大的空隙率，渗透率高，能够承受更大的有机负荷。反应基质有两个基本参数，空隙率和渗透率。空隙率对水在湿地中的停留时间起重要的作用，而渗透系数直接影响渗漏流速。

采用粒径为 0.5～5 cm 的砾石（或花岗岩碎石）铺设，其铺设厚度一般为 0.4～1.5 m，有时也采用粒径为 5～10 mm（或 12～25 mm）的石灰石填料。由于表层土壤在浸水后会产生一定的沉降作用，因而设计时填料上层的高度宜高于设计值的 10%～15%。

填料本身对生物处理的影响不大,但对含磷和重金属离子的废水而言,如能采用花岗岩作用床体填料,则有利于填料中的 Ca、Fe 成分与磷的反应和离子交换作用。

7.2.4 水位控制的设计

在正常运行的潜流湿地中,水以推流的形式流动,水位是基本保持不变的。但是,由于渗透系数在运行初期不稳定,因而浸润线的正常水深也是变化的,渗透系数的变化趋势是刚开始运行时最大,运行初期减小,但随着植物的生长、成熟又会变大。因此,应以成熟、稳定情况为依据,其他情况可以通过对下游水位的控制来实现。

正常运行的人工湿地既要防止表面流的发生,控制浸润线不露出水面,同时又不能让浸润线上有太厚的基质,因为太厚的基质会给植物的种植带来困难,同时又不能参与污水的净化,还会增加工程的造价。

对于目前应用较多的潜流湿地系统,水位控制有如下 5 个基本要求:

(1) 当系统接纳最大设计流时,其进水端不能出现壅水现象以防发生地表流;

(2) 当系统接纳最小设计流量时,出水端不能出现填料床面的淹没现象,以防出现地表流;

(3) 为有利于植物的生长,床中水面浸没植物根系的深度应尽可能地均匀;

(4) 湿地床的底坡不一定等于床体中的水面线坡度,但在设计的过程中应尽量考虑使水面坡度与底坡基本一致;

(5) 湿地床的长度不宜过长,过长易增加植物浸没深度的不均匀性,同时也将增加出水端水位控制调节的难度。

7.2.5 防渗要求

为防止湿地系统因渗漏而造成对地下水的污染,一般要求在工程施工时尽量保持原土层,在原土层上采取防渗措施,如用土工膜和 0.2 mm 厚的黏土,或油毛毡密封铺垫等铺设防渗层等。国外大多采用厚度为 0.9~1.0 mm 的高密度聚乙烯树脂薄膜塑料作为防渗材料,为防止床体填料尖角对薄膜的损坏,施工时宜先在塑料薄膜上铺一层细砂。

7.3 生态净化技术模块组装建议

根据太湖流域城镇污水处理厂的分类标准,城镇污水处理厂可分为三类:

城镇污水处理厂Ⅰ:接纳污水中工业废水量小于50%的污水处理厂;

城镇污水处理厂Ⅱ:接纳污水中工业废水量大于50%(含50%)小于80%的污水处理厂;

城镇污水处理厂Ⅲ:接纳污水中工业废水量大于80%(含80%)的污水处理厂。

7.3.1 一级B到一级A的推荐工艺参数

一级B到一级A的推荐工艺见表7-2。

表7-2 一级B到一级A的推荐工艺参数

类型		城镇污水处理厂Ⅰ	城镇污水处理厂Ⅱ	城镇污水处理厂Ⅲ
推荐工艺	流程	尾水→垂直流人工湿地→水平流人工湿地→排放	尾水→垂直流人工湿地→水平流人工湿地→排放	尾水→垂直流人工湿地→生态塘→表流人工湿地→水平流人工湿地→排放
	参数	(1) 垂直流人工湿地 ① HRT=1~2 d ② 水力负荷 0.5~1.0 m/d ③ pH=6~9 ④ 滤料深度 1.0 m (2) 水平流人工湿地 ① HRT=1~2 d ② 水力负荷 0.5~1.0 m/d	(1) 垂直流人工湿地 ① HRT=2~4 d ② 水力负荷 0.25~0.5 m/d ③ pH=6~9 ④ 滤料深度 1.0 m (2) 水平流人工湿地 ① HRT=1~2 d ② 水力负荷 0.5~1.0 m/d	(1) 垂直流人工湿地 ① HRT=3~5 d ② 水力负荷=0.33~0.5 m/d ③ pH=6~9 ④ 滤料深度 1.0 m (2) 生态塘 ① HRT=12~24 h ② 水深=0.5~1.5 m (3) 表流人工湿地 ① HRT=12~24 h ② 水力负荷 1.0~2.0 m/d (4) 水平流人工湿地 ① HRT=2~3 d ② 水力负荷 0.33~0.5 m/d

7.3.2 一级A到Ⅳ的推荐工艺参数

一级A到Ⅳ的推荐工艺见表7-3。

表7-3 一级A到Ⅳ的推荐工艺参数

类型		城镇污水处理厂Ⅰ	城镇污水处理厂Ⅱ	城镇污水处理厂Ⅲ
推荐工艺	流程	尾水→垂直流人工湿地→水平流人工湿地→排放	尾水→垂直流人工湿地→水平流人工湿地→排放	尾水→垂直流人工湿地→生态塘→表流人工湿地→水平流人工湿地→排放
	参数	(1) 垂直流人工湿地 ① HRT=2～4 d ② 水力负荷=0.25～0.5 m/d ③ pH=6～9 ④ 滤料深度 1.0 m (2) 水平流人工湿地 ① HRT=2～3 d ② 水力负荷 0.33～0.5 m/d	(1) 垂直流人工湿地 ① HRT=4～5 d ② 水力负荷=0.2～0.25 m/d ③ pH=6～9 ④ 滤料深度 1.0 m (2) 水平流人工湿地 ① HRT=2～4 d ② 水力负荷=0.25～0.5 m/d	(1) 垂直流人工湿地 ① HRT=5 d ② 水力负荷=0.2 m/d ③ pH=6～9 ④ 滤料深度 1.0 m (2) 生态塘 ① HRT=24 h ② 水深=0.5～1.5 m (3) 表流人工湿地 ① HRT=24 h ② 水力负荷=1.0 m/d (4) 水平流人工湿地 ① HRT=2～4 d ② 水力负荷=0.25～0.5 m/d

7.4 小结

（1）生态净化模块主要包括人工湿地和稳定塘工艺，在组装时需考虑场地选择、植物选择、滤料选择、水力学条件和防渗要求。

（2）基于"一级B到一级A"和"一级A到Ⅳ"两种提标条件下的最佳工艺技术推荐，工艺以"垂直流湿地—生态塘—表面流—水平流湿地"和"垂直流湿地—水平流湿地"为主。

第八章
结论与展望

8.1 结论

本书以常熟新材料产业园污水处理厂尾水为研究对象,构建了垂直流-水平流组合人工湿地,开展了工业园区污水处理厂尾水运行特性及影响因素研究、微生物菌落结构解析和水力学特性优化研究;最后,将构建的垂直流-水平流组合人工湿地及其优化设计和调试方法应用于常熟新材料产业园生态湿地中心工程中,验证其技术和经济可行性。获得的研究结果如下。

1. 垂直流-水平流组合人工湿地运行特性研究

本书构建了垂直流-水平流组合人工湿地处理工业园区污水厂尾水,中试稳定运行 2013 年 8 月 1 日至 2014 年 7 月 15 日(349 d)数据显示,季节温度与污染物处理效果呈正相关,夏季>秋季>春季>冬季,但各季节湿地系统出水指标均满足Ⅳ类标准。本书考察了稳定运行期水力负荷对污染物去除效果的影响,当水力负荷为 0.1~0.5 m/d 时,COD、NH_4^+—N、TN 和 TP 的平均去除率分别达到 18.4%~40.8%、45.5%~90.3%、35.2%~80.6% 和 37.5%~87.5%。水力负荷为 0.1 m/d 时,组合工艺出水指标均符合《地表水环境质量标准》中Ⅳ类水质的标准。水力负荷为 0.2 m/d 时,除 TN 外,其他各出水指标均符合《地表水环境质量标准》中Ⅳ类水质的标准。

2. 垂直流-水平流组合人工湿地的微生物群落结构研究

本书采用高通量测序(Miseq)等方法分析了稳定运行期垂直流-水平流组

合人工湿地在空间分布上的微生物群落结构。结论如下:在垂直流人工湿地中,存在多种与污染物去除相关的微生物种属,如与多环芳烃生物降解相关的 *Novosphingobium* 等,相应最高丰度可达 1.4%;与生物氨化相关的 *Aminobacter*,以及与硝化功能相关的 *Nitrosococcus*、*Nitrobacter* 和 *Nitrospira*,其中最高丰度可达4.4%;与生物固氮相关的 *Rhizobium* 和 *Bradyrhizobium* 等。在水平流人工湿地中,微生物主要与反硝化相关的 *Acidovorax*、*Azoarcus*、*Rhodobacter* 和 *Thauera* 等,其中最高丰度可达 17.0%。

总细菌量与 COD 的去除呈现比较明显的正相关性($p<0.05$)。COD 削减主要发生在垂直流人工湿地中,它对 COD 去除的贡献率占组合湿地系统的 73.6%;硝化菌数量在垂直流中随着基质深度的增加而显著降低,垂直流人工湿地对 NH_4^+—N 去除的贡献率占组合湿地系统的 79.2%;反硝化菌数量在水平流人工湿地中显著高于垂直流人工湿地,水平流人工湿地对 TN 去除的贡献率为63.5%。构建的该组合工艺可以实现良好的脱氮效果,脱氮效率高达 75.0%以上。

3. 人工湿地的滤料水力学特性研究

本书采用 Hydrus 3D 软件验证了水力负荷在人工湿地处理效能上具有显著作用,具体表现为较大的水力负荷将显著减小平均水力停留时间。水力负荷为0.1~0.2 m/d 时,平均水力停留时间出现了快速下降,故水力负荷不宜超过 0.2 m/d。本书揭示了间歇周期性布水对垂直流人工湿地在垂向空间上水分和水压的影响规律:越靠近表层,影响越显著,影响深度大约为滤料有效深度的 27%,接近 0.2 m。每日布水次数对水分和压力的影响并不大。研究建立了基于滤料水力学参数(渗透系数 K、不均匀系数 Cu、比表面积 Ss)的有效处理水体积的方法:$V_e = \alpha A_s \rho_m V_c t_r$。渗透性能越小、级配越均匀、比表面积越大、有效体积越大、污染物实际停留时间越长,越有利于污染物与微生物传质和降解,以及组合工艺处理效能的提高。

4. 垂直流-水平流组合人工湿地工程应用研究

工程稳定运行 223 d(2014 年 9 月 16 日至 2015 年 4 月 30 日)的数据表明:NH_4^+—N、TN、COD 和 TP 主要水质指标均满足Ⅳ类水质标准的要求,其中 NH_4^+—N 符合Ⅲ类水质的标准,TP 符合Ⅱ类水质的标准,NH_4^+—N、TN、COD 和 TP 的总去除率分别为 88.4%、76.7%、53.4%和 88.2%,优于同行研究成果。工程每年节水 99 万 t，每年 NH_4^+—N、TN、COD 和 TP 污染物削减量分别为 3.465 t、13.365 t 和 19.8 t、0.198 t。与其他深度处理技术相比，工程总费用相对较低，因此，在经济方面垂直流-水平流组合人工湿地具有较好的推广应用价值。

8.2 展望

（1）进一步解析工业园区污水厂尾水特征性污染物，建立特征污染物去除效果与微生物群落结构的响应关系，并揭示相应的微生物代谢机理。

（2）建议对人工湿地工程长期运行进行继续跟踪，全面了解垂直流-水平流组合人工湿地对工业园区污水厂尾水深度净化的规律，便于技术的进一步推广应用。

参考文献

[1] Bai L, Qiao Q, Yao Y, et al. Insights on the development progress of National Demonstration eco-industrial parks in China [J]. J Clean Prod, 2014, 70, 4-14.

[2] Shi L, Yu B. Eco-industrial parks from strategic niches to development mainstream: The cases of China [J]. Sustain. Sci, 2014, 6, 6325-6331.

[3] 童乐. 工业园区污水再生利用系统生命周期评价[D]. 南京: 南京大学, 2013.

[4] 国家环境保护部. 中国环境状况公报, 2014. http://www.mep.gov.cn/gkml/hbb/qt/201506/t20150604_302855.htm.

[5] 张越群. 我国工业废水处理现状及趋势[J]. 水工业市场, 2011, 6, 23-26.

[6] Tripathi S, Tripathi B. D. Efficiency of combined process of ozone and bio-filtration in the treatment of secondary effluent[J]. Bioresour Technol, 2011, 102, 6850-6856.

[7] Gillot S, Choubert J. M. Biodegradable organic matter in domestic wastewaters: Comparison of selected fractionation techniques [J]. Water Sci. Technol., 2010, 62, 630-639.

[8] 涂勇, 刘伟京, 张耀辉, 等. 太湖上游流域地表水及污水处理厂尾水氮、磷污染特征分析[J]. 环境污染与防治, 2014, 36, 8-13.

[9] Puspita P, Roddick F, Porter N. Efficiency of sequential ozone and UV-based treatments for the treatment of secondary effluent [J]. Chem. Eng., 2015, 268, 337-347.

[10] Zhao X, Huang H, Hu H. Y, et al. Increase of microbial growth potential in municipal secondary effluent by coagulation [J]. Chemosphere, 2014, 109, 14-19.

[11] Pramanik B. K, Roddick F. A, Fan L. Effect of biological activated carbon pre-treatment to control organic fouling in the microfiltration of biologically treated secondary effluent [J]. Water Res., 2014, 63, 147-157.

[12] Pramanik B. K, Roddick F. A, Fan L, et al. Assessment of biological activated carbon treatment to control membrane fouling in reverse osmosis of secondary effluent for reuse in irrigation [J]. Desalination, 2015, 364, 90-95.

[13] Zhao X, Hu H. Y, Yu T, et al. Effect of different molecular weight organic components on the increase of microbial growth potential of secondary effluent by ozonation [J]. J. Environ. Sci., 2014, 26, 2190-2197.

[14] James C. P, Germain E, Judd S. Micropollutant removal by advanced oxidation of microfiltered secondary effluent for water reuse [J]. Sep. Purif. Technol., 2014, 127, 77-83.

[15] Tripathi S, Pathak V, Tripathi D. M, et al. Application of ozone based treatments of secondary effluents [J]. Bioresour Technol., 2011, 102, 2481-2486.

[16] Urtiaga A. M, Pérez G, Ibáñez R, et al. Removal of pharmaceuticals from a WWTP secondary effluent by ultrafiltration/reverse osmosis followed by electrochemical oxidation of the RO concentrate[J]. Desalination, 2013, 331, 26-34.

[17] Aryal A, Sathasivan A, Heitz A, et al. Combined BAC and MIEX pre-treatment of secondary wastewater effluent to reduce fouling of nanofiltration membranes [J]. Water Res., 2015, 70, 214-223.

[18] Yang C, Li L, Shi J, Long C, et al. Advanced treatment of textile dyeing secondary effluent using magnetic anion exchange resin and its effect on organic fouling in subsequent RO membrane[J]. J. Hazard. Mater, 2015, 84, 50-57.

[19] Meng M, Pellizzari F, Boukari S. O, et al. Teychene B. Impact of e-beam irradiation of municipal secondary effluent on MF and RO membranes performances[J]. J. Membr. Sci, 2014, 471, 1-8.

[20] Gao F, Yang Z. H, Li C, Zeng G. M, et al, Zhou L. A novel algal biofilm membrane photobioreactor for attached microalgae growth and nutrients removal from secondary effluent [J]. Bioresour Technol., 2015, 179, 8-12.

[21] Francesco F, Ida D. M, Claudia Z, Advanced treatment of industrial wastewater by membrane filtration and ozonization [J]. Desalination, 2013, 313, 1-11.

[22] Breazeal M. V. R, Novak J. T, Vikesland P. J, et al. Effect of wastewater colloids on membrane removal of antibiotic resistance genes[J]. Water Res., 2013, 47, 130-140.

[23] Tripathi S, Tripathi B. D. Efficiency of combined process of ozone and bio-filtration in the

treatment of secondary effluent [J]. Bioresour Technol., 2011, 102, 6850-6856.

[24] Abe K, Komada M, Ookuma A, et al. Purification performance of a shallow free-water-surface constructed wetland receiving secondary effluent for about 5 years[J]. Ecol. Eng., 2014, 69, 126-133.

[25] Chen Y, Wen Y, Zhou J, et al. Effects of cattail biomass on sulfate removal and carbon sources competition in subsurface-flow constructed wetlands treating secondary effluent[J]. Water Res., 2014, 59, 1-10.

[26] Xiong J, Guo G, Mahmood Q, et al. Nitrogen removal from secondary effluent by using integrated constructed wetland system [J]. Ecol. Eng., 2011, 37, 659-662.

[27] 李剑波, 强化垂直流-水平流组合人工湿地处理生活污水研究[D]. 上海:同济大学, 2008.

[28] Vymazal J. The use of hybrid constructed wetlands for wastewater treatment with special attention to nitrogen removal: a review of a recent development [J]. Water Res., 2013, 47, 4795-4811.

[29] Vymazal J. Types of constructed wetlands for wastewater treatment: their potential for nutrient removal. In: Vymazal J (Eds) transformations on nutrients in natural and constructed wetlands [M]. Leiden:Backhuys Publishers, 2001, 1-93.

[30] Vymazal J. Constructed wetlands for wastewater treatment: five decades of experience [J]. Environ. Sci. Technol., 2011, 45, 61-69.

[31] Vymazal J, Březinová T. The use of constructed wetlands for removal of pesticides from agricultural runoff and drainage: A review [J], Environ. Int., 2015, 75, 11-20.

[32] Vymazal J. Constructed wetlands for wastewater treatment [J]. Ecol. Eng., 2005, 25, 475-477.

[33] Morató J, Codony F, Sánchez O, et al. Key design factors affecting microbial community composition and pathogenic organism removal in horizontal subsurface flow constructed wetlands [J]. Sci. Total Environ., 2014, 481, 81-89.

[34] Chang J. J, Wu S. Q, Liang K, et al. Comparative study of microbial community structure in integrated vertical-flow constructed wetlands for treatment of domestic and nitrified wastewaters [J]. Environ. Sci. Pollut. Res., 2015, 22, 3518-3527.

[35] Vohla C, Kõiv M, Bavor H. J, et al. Filter materials for phosphorus removal from wastewater in treatment wetlands-a review [J]. Ecol. Eng., 2011, 37, 70-89.

[36] Zhao Y. Q, Babatunde A. O, Hu Y. S, et al. Pilot field-scale demonstration of a novel alum sludge-based constructed wetland system for enhanced wastewater treatment [J]. Process Biochem. , 2011, 46, 278-283.

[37] Yang Y, Zhao Y. Q, Wang S. P, et al. A promising approach of reject water treatment using a tidal flow constructed wetland system employing alum sludge as main substrate [J]. Water Sci. Technol. , 2011, 63, 2367-2373.

[38] Haynes R. J. Use of industrial wastes as media in constructed wetlands and filter beds-prospects for removal of phosphate and metals from wastewater streams [J]. Crit. Rev. Env. Sci. Tec. , 2015, 45, 1041-1103.

[39] Dordio A, Carvalho A. J. P. Constructed wetlands with light expanded clay aggregates for agricultural wastewater treatment [J]. Sci. Total Environ. , 2013, 463, 454-461.

[40] Norris M. J, Pulford I. D, Haynes H, et al. Treatment of heavy metals by iron oxide coated and natural gravel media in sustainable urban drainage systems [J]. Water Sci. Technol. , 2013, 68, 674-680.

[41] Macci C, Doni S, Peruzzi E, et al. Masciandaro G. A real-scale soil phytoremediation [J]. Biodegradation, 2013, 24, 521-538.

[42] Iannelli R, Bianchi V, Salvato M, et al. Modelling assessment of carbon supply by different macrophytes for nitrogen removal in pilot vegetated mesocosms [J]. Int. J. Environ. Anal. Chem. , 2011, 91, 708-726.

[43] Moore M. T, Tyler H. L, Locke M. A, Aqueous pesticide mitigation efficiency of Typhalatifolia (L.), Leersdiaoryzoides (L.) Sw., and Sparganiumamericanum Nutt [J]. Chemosphere, 2013, 92, 1307-1313.

[44] Cristina M, Eleonora P, Serena D. Ornamental plants for micro pollutant removal in wetland systems [J]. Environ Sci. Pollut. Res. , 2015, 22, 2406-2415.

[45] Salvato M, Borin M. Effect of different macrophytes in abating nitrogen from a synthetic wastewater [J]. Ecol. Eng. , 2010, 36, 1222-1231.

[46] Li J. H, Yang X. Y, Wang Z. F. Comparison of four aquatic treatment systems for nutrient removal from eutrophied [J]. Bioresour Technol. , 2015, 179, 1-7.

[47] Dordio A, Carvalho A. J. P, Martins Teixeira D, et al. Removal of pharmaceuticals in microcosm CWs using Typha spp. and LECA [J]. Bioresour Technol. , 2010, 101, 886-892.

[48] Amjad H, SyedS. A, Zaheeruddin R. Z. Phytoremediation of heavy metals contamination in industrial wastewater by Euphorbia prostrata [J]. Curr Res. J. Biol. Sci. Res. J. Biol. Sci., 2013, 5, 36-41.

[49] Ganjo D. G. A, Khwakaram A. I. Phytoremediation of wastewater using some of aquatic macrophytes as biological purifiers for irrigation purposes (removal efficiency and heavy metals Fe, Mn, Zn and Cu) [J]. World Acad. Sci. Eng. Technol., 2010, 66, 565-574.

[50] Vymazal J, Kröpfelová L. Growth of Phragmitesaustralis and Phalarisarundinacea in constructed wetlands for wastewater treatment in the Czech Republic [J]. Ecol. Eng., 2005, 25, 606-621.

[51] Ramond J. B, Welz P. J, Cowan D. A, et al. Microbial community structure stability, a key parameter in monitoring the development of constructed wetland mesocosms during start-up [J]. Res. Microbiol., 2012, 163, 28-35.

[52] Peralta R. M, Ahn C, Gillevet P. M. Characterization of soil bacterial community structure and physicochemical properties in created and natural wetlands [J]. Sci. Total Environ, 2013, 443, 725-732.

[53] Adrados B, Sánchez O, Arias C. A, et al. Microbial communities from different types of natural wastewater treatment systems: Vertical and horizontal flow constructed wetlands and biofilters [J]. Water Res., 2014, 55, 304-312.

[54] Sims A, Horton J, Gajaraj S, et al. Temporal and spatial distributions of ammonia-oxidizing archaea and bacteria and their ratio as an indicator of oligotrophic conditions in natural wetlands [J]. Water Res., 2012, 46, 4121-4129.

[55] He G, Yi F, Zhou S, Lin J. Microbial activity and community structure in two terrace-type wetlands constructed for the treatment of domestic wastewater [J]. Ecol. Eng., 2014, 67, 98-205.

[56] Arroyo P, Ansola G, de Miera L. E. S. Effects of substrate, vegetation and flow on arsenic and zinc removal efficiency and microbial diversity in constructed wetlands [J]. Ecol. Eng., 2013, 51, 95-103.

[57] Huang L, Gao X, Liu M, et al. Correlation among soil microorganisms, soil enzyme activities, and removal rates of pollutants in three constructed wetlands purifying micro-polluted river water [J]. Ecol. Eng., 2012, 46, 98-106.

[58] Zhang C. B, Liu W. L, Wang J, et al. Plant functional group richness-affected micro-

[58] bial community structure and function in a full-scale constructed wetland [J]. Ecol. Eng. , 2011, 37, 1360-1368.

[59] Arroyo P, de Miera, L. E. S, Ansola G. Influence of environmental variables on the structure and composition of soil bacterial communities in natural and constructed wetlands [J]. Sci. Total Environ. , 2015, 506, 380-390.

[60] Wen Y, Wei C. H. Heterotrophic nitrification and aerobic denitrification bacterium isolated from anaerobic/anoxic/oxic treatment system [J]. Afr J Biotechnol. , 2011, 10, 6985-6990.

[61] Song K, Lee S. H, Mitsch W. J, et al. Different responses of denitrification rates and denitrifying bacterial communities to hydrologic pulsing in createdwetlands [J]. Soil Biol. Biochem. , 2010, 42, 1721-1727.

[62] Höfferle Š, Nicol G. W, Pal L, et al. Ammonium supply rate influences archaeal and bacterial ammonia oxidizers in a wetland soil vertical profile [J]. FEMS Microbiol. Ecol. , 2010, 74, 302-315.

[63] Peralta A. L, Matthews J. W, Kent A. D. Microbial community structure and denitrification in a wetland mitigation bank [J]. Appl. Environ. Microbiol, 2010, 76, 4207-4215.

[64] Lüdemann H, Arth I, Liesack W. Spatial changes in the bacterial community structure along a vertical oxygen gradient in flooded paddy soil cores [J]. Appl. Environ. Microbiol, 2000, 66, 2754-2762.

[65] Tang Y. S, Wang L, Jia J. W, et al. Response of soil microbial community in Jiuduansha wetland to different successional stages and its implications for soil microbial respiration and carbon turnover [J]. Soil Biol. Biochem. , 2011, 438, 643-646.

[66] Sura S, Waiser M, Tumber V, et al. Effects of herbicide mixture on microbial communities in prairie wetland ecosystems: A whole wetland approach. Sci. Total Environ. , 2012, 435-436, 34-43.

[67] Dong X. L, Reddy G. B. Soil bacterial communies in constructed wetlands treated with swine wastewater using PCR-DGGE technique [J]. Bioresour Technol. , 2010, 101, 1175-1182.

[68] Ruiz-Rueda O, Halin S, Bafieras L. Structure and function of denitrifying and nitrifying bacterial communities in relation to the plant species in a constructed wetland [J]. FEMS Microbiol. Ecol. , 2009, 67, 308-319.

[69] Zhang C. B, Liu W. L, Wang J, et al. Plant functional group richness-affected microbial community structure and function in a full-scale constructed wetland [J]. Ecol. Eng. , 2011, 37, 1360-1368.

[70] Sleytr K, Tietz A, Langergraber G, et al. Diversity of abundant bacteria in subsurface vertical flow constructed wetlands [J]. Ecol. Eng. , 2009, 35, 1021-1025.

[71] Wang Y, Sheng H. F, He Y. Comparison of the Levels of Bacterial Diversity in Freshwater, Intertidal Wetland, and Marine Sediments by Using Millions of Illumina Tags[J]. Appl. Environ. Microbiol, 2012, 78, 8264-8271.

[72] Zhou Q. H, He F, Zhang L. P, et al. Characteristics of the microbial communities in the integrated vertical-flow constructed wetlands[J]. J Environ Sci. , 2009, 21, 1261-1267.

[73] Calheiros C. S, Duque A. F, Moura A, et al. O. , Castro P. M. Changes in the bacterial community structure in two-stage constructed wetlands with different plants for industrial wastewater treatment[J]. Bioresour Technol. , 2009, 100, 3228-3235.

[74] Xie B, Cui Y. X, Yuan Q. Pollutants removal and distribution of microorganisms in a reed wetland of Shanghai Mengqing Park[J]. Environ. Prog & Sustain. Energy, 2009, 28, 240-248.

[75] Kleimeier C, Karsten U, Lennartz B. Suitability of degraded peat for constructed wetlands-Hydraulic properties and nutrient flushing [J]. Geoderma, 2014, 228-229, 25-32.

[76] Wahl M. D, Brown L. C, Soboyejo A. O, et al. Quantifying the hydraulic performance of treatment wetlands using reliability functions [J]. Ecol. Eng. , 2012, 47, 120-125.

[77] Su T. M, Yang S. C, Shih S. S, et al. Optimal design for hydraulic efficiency performance of free-water-surface constructed wetlands [J]. Ecol. Eng. , 2009, 35, 1200-1207.

[78] Liu L, Hu H. Y, Qi J. H. Research on the influencing factors of hydraulic efficiency in ditch wetlands [J]. Proc. Eng. , 2012, 28, 759-762.

[79] Morvannou A, Forquet N, Vanclooster M, et al. Characterizing hydraulic properties of filter material of a vertical flow constructed wetland [J]. Ecol. Eng. , 2013, 60, 325-335.

[80] Kengne E. S, Kengne I. M, Nzouebet W. A. L, et al. Strande L. Performance of ver-

tical flow constructed wetlands for faecal sludge drying bed leachate: Effect of hydraulic loading[J]. Ecol. Eng. , 2014, 71, 384-393.

[81] Kengne E. S, Kengne I. M, Nzouebet W. A. L, et al. Strande L. Hydraulic characterization and optimization of total nitrogen removal in an aerated vertical subsurface flow treatment wetland[J]. Bioresour Technol. , 2014, 162, 166-174.

[82] Ranieri E, Gorgoglione A, Solimeno A. A. Comparison between model and experimental hydraulic performances in a pilot-scale horizontal subsurface flow constructed wetland [J]. Ecol. Eng. , 2013, 60, 45-49.

[83] Wang Y. H, Song X. S, Liao W. H, et al. Impacts of inlet-outlet configuration, flow rate and filter size on hydraulic behavior of quasi-2-dimensional horizontal constructed wetland: NaCl and dye tracer test[J]. Ecol. Eng. , 2014, 69,177-185.

[84] Knowles P. R, Griffin P, Davies P. A. Complementary methods to investigate the development of clogging within a horizontal sub-surface flow tertiary treatment wetland [J]. Water Res. , 2010, 44, 320-330.

[85] 范立维，卢泽湘，海热提，等. 垂直流人工湿地水力学特性研究[J]. 环境工程学报，2011, 5, 2749-2754.

[86] 芦秀青. 垂直流人工湿地水力学规律与数学模型研究[D]. 武汉：华中科技大学，2010.

[87] Luederitz V, Eckert E, Lange-Weber M, et al. Nutrient removal efficiency and resource economics of vertical flow and horizontal flow constructed wetlands [J]. Ecol. Eng. , 2001, 18, 157-171.

[88] Saeed T, Sun G. A comparative study on the removal of nutrients and organic matter in wetland reactors employing organic media [J]. Chem. Eng. J. 2011b, 171, 439-447.

[89] Abou-Elela S. I, Golinielli G, Abou-Taleb E. M, et al. Municipal wastewater treatment in horizontal and vertical flows constructed wetlands [J]. Ecol. Eng. , 2013, 61, 460-468.

[90] Dan T. H, Quang L. N, et al. Treatment of high-strength wastewater in tropical constructed wetlands planted with Sesbaniasesban: horizontal subsurface flow versus vertical downflow [J]. Ecol. Eng. , 2011, 37, 711-720.

[91] Kaseva M. E, Mbuligwe S. E. Potential of constructed wetland systems for treating tannery industrial wastewater [J]. Water Sci. Technol. , 2010, 61, 1043-1052.

参考文献

[92] Jing Z. Q, He R, Hu Y. Practice of integrated system of biofilter and constructed wetland in highly polluted surface water treatment [J]. Ecol. Eng., 2015, 75, 462-469.

[93] 余江, 王琪, 沈晓鲤. 好氧+人工湿地组合工艺处理屠宰废水设计与运行[J]. 环境科学与技术, 2014, 37, 154-158.

[94] 黄锦楼, 陈琴, 许连煌. 人工湿地在应用中存在的问题及解决措施[J], 环境科学, 2013, 1, 401-408.

[95] Wu S, Austin D, Liu L, et al. Performance of integrated household constructed wetland for domestic wastewater treatment in rural areas [J]. Ecol. Eng., 2011, 37, 948-954.

[96] Comino E, Riggio V, Rosso M. Mountain cheese factory wastewater treatment with the use of a hybrid constructed wetland [J]. Ecol. Eng., 2011, 37, 1673-1680.

[97] Serrano L, de la Vega D, Ruiz I, et al. Winery wastewater treatment in a hybrid constructed wetland [J]. Ecol. Eng., 2011, 37, 744-753.

[98] Zhang T, Xu D, He F, et al. Application of constructed wetland for water pollution control in China during 1990—2010[J]. Ecol. Eng., 2012, 47, 189-197.

[99] Zhang C. B, Wang J, Liu W. L, et al. Effects of plant diversity on nutrient retention and enzyme activities in a full-scale constructed wetland [J]. Bioresour Technol., 2010, 101, 1686-1692.

[100] Zhang S. Y, Zhou Q. H, Xu D, et al. Vertical-flow constructed wetlands applied in a recirculating aquaculture system for Channel catfish culture: effects on water quality and zooplankton [J]. Pol. J. Environ. Stud., 2010, 19, 1063-1070.

[101] Choi J, Geronimo F. K. F, Maniquiz-Redillas M. C, et al. Evaluation of a hybrid constructed wetland system for treating urban stormwater runoff [J]. Desalin Water Treat., 2015, 53, 3104-3110.

[102] Ghrabi A, Bousselmi L, Masi F, et al. Constructed wetland as a low cost and sustainable solution for wastewater treatment adapted to rural settlements: the Chorfech wastewater treatment pilot plant [J]. Water Sci. Technol., 2011, 63, 3006-3012.

[103] Zhao Y. J, Hui Z, Chao X, et al. Efficiency of two-stage combinations of subsurface vertical down-flow and up-flow constructed wetland systems for treating variation in influent C/N ratios of domestic wastewater [J]. Ecol. Eng., 2011, 37, 1546-1554.

[104] Ong S. A, Uchiyama K, Inadama D. Simultaneous removal of color, organic com-

pounds and nutrients in azo dye-containing wastewater using up-flow constructed wetland [J]. J. Hazard. Mater. , 2009, 165, 696-703.

[105] Calheiros C. S. C, Quiterio P. V. B, Silva G. Use of constructed wetland systems with Arundo and Sarcocorniafor polishing high salinity tannery wastewater [J]. J. Environ. Manage, 2012, 95, 66-71.

[106] Narváez L, Cunill C, Cáceres R, et al. Design and monitoring of horizontal subsurface-flow constructed wetlands for treating nursery leachates [J]. Bioresour Technol. , 2011, 102, 6414-6420.

[107] Chang J. J, Wu S. Q, Dai Y. R, et al. Treatment performance of integrated vertical-flow constructed wetland plots for domestic wastewater [J]. Ecol. Eng. , 2012, 44, 152-159.

[108] Kimani R. W, Mwangi B. M, Gichuki C. M. Treatment of flower farm wastewater effluents using constructed wetlands in lake Naivasha, Kenya [J]. Indian J. Sci. Technol, 2012, 5, 1870-1878.

[109] Johansen N. H, Brix H. Design criteria for a two-stage constructed wetland. Paper presented at the 5th international conference on constructed wetlands systems for water pollution control [M]. Vienna, Austria, September, 1996.

[110] Seidel K. Phenol-Abbau in Wasser durch Scirpus lacustris L wehrend einer versuchsdauer von 31 Monaten [J]. Naturwissenschaften, 1965, 52, 398-406.

[111] Ayaz S. C, Findik N, Akça L, et al. Effect of recirculation on organic matter removal in a hybrid constructed wetland system[J]. Water Sci. Technol. , 2011, 63, 2360-2366.

[112] Foladori P, Ortigara A. R. C, Ruaben J, et al. Influence of high organic loads during the summer period on the performance of hybrid constructed wetlands (VSSF-HSSF) treating domestic wastewater in the Alps region[J]. Water Sci. Technol. , 2012, 65, 890-897.

[113] Ayaz S. C, Aktaş Ö, Fındık N, et al. Effect of recirculation on nitrogen removal in a hybrid constructed wetland system [J]. Ecol. Eng. , 2012, 40, 1-5.

[114] Brix H, Arias C, Johansen N. H. Experiments in a two-stage constructed wetland system: nitrification capacity and effects of recycling on nitrogen removal. In: Vymazal J, editor. Wetlands: nutrients, metals and mass cycling[M]. Leiden: Backhuys Publishers, 2003, 237-258.

参考文献

[115] Vymazal J, Kropfelova L. A three-stage experimental constructed wetland for treatment of domestic sewage: First 2 years of operation [J]. Ecol. Eng., 2011, 37, 90-98.

[116] Zhai J, Xiao H. W, Kujawa-Roeleveld K, et al. Experimental study of a novel hybrid constructed wetland for water reuse and its application in Southern China [J]. Water Sci. Technol., 2011, 64, 2177-2184.

[117] Canepel R, Romagnolli F. Hybrid constructed wetland for treatment of domestic wastewater from a tourist site in theAlps. In: Masi, F., Nivala, J. (Eds.) [M]. Proceedings of the 12th international conference on wetland systems for water pollution control. International Water Association, 2010, 1228-1229.

[118] 林武,廖波. 生态工程组合工艺应用于城市污水处理厂尾水深度处理[J]. 环境保护与循环经济, 2013, 07, 34-38.

[119] Sharma G, Priya, Brighu U. Performance Analysis of Vertical Up-flow Const-ructed Wetlands for Secondary Treated Effluent. In Singapore. 5th International Conference on Environmental Science and Development. Chemical[M]. Biological & Enviromental Engineering Society, APCBEE Pro. 2014, 10, 110-114.

[120] 杨长明,马锐,山城幸,等. 组合人工湿地对城镇污水处理厂尾水中有机物的去除特征研究[J]. 环境科学学报, 2010, 09, 1804-1810.

[121] 狄军贞,江富,马龙,等. PRB强化垂直流人工湿地系统处理煤矿废水[J]. 环境工程学报, 2013, 6, 2033-2037.

[122] Ye J, Wang L, Li D, et al. Vertical oxygen distribution trend and oxygen source analysis for vertical-flow constructed wetlands treating domestic wastewater[J]. Ecol. Eng., 2012, 41, 8-12.

[123] Peralta R. M, Ahn C, Gillevet P. M. Characterization of soil bacterial community structure and physicochemical properties in created and natural wetlands [J]. Sci. Total. Environ., 2013, 443725-732.

[124] Ansola G, Arroyo P, de Miera L. E. S. Characterization of the soil bacterial community structure and composition of natural and constructed wetlands [J]. Sci. Total. Environ., 2014, 473, 63-71.

[125] 国家环境保护总局. 水和废水监测分析方法(第四版)[M]. 北京:中国环境科学出版社, 2002.

[126] Petitjean A, Forquet N, Wanko A, et al. Modelling aerobic biodegradation in vertical

flow sand filters: Impact of operational considerations on oxygen transfer and bacterial activity[J]. Water Res., 2012, 46, 2270-2280.

[127] Olezkiewica. Effects of plant biomass on denitrifying genes in subsurface-flow constructed wetlands[J]. Bioresour Technol., 2014, 157, 341-345.

[128] Coban O, Kuschk P, Kappelmeyer U, et al. Nitrogen transforming community in a horizontal subsurface-flow constructed wetland[J]. Water Res., 2015, 74, 203-212.

[129] Zhong J. C, Fan C. X, Liu G. F, et al. Seasonal variation of potential denitrification rates of surface sediment from Meiliang Bay, Taihu Lake, China[J]. J Environ. SCI-China, 2010, 22, 961-967.

[130] 杨林,李咏梅. 组合人工湿地处理工业园区污水厂尾水的中试研究[J]. 环境工程学报, 2012, 6, 1846-1850.

[131] Chon K, Chang J. S, Lee E, et al. Abundance of denitrifying genes coding for nitrate (narG), nitrite (nirS), and nitrous oxide (nosZ) reductases in estuarine versus wastewater effluent-fed constructed wetlands[J]. Ecol. Eng., 2011, 37, 64-69.

[132] Ligi T, Truu M, Truu J, et al. Effects of soil chemical characteristics and water regime on denitrification genes(nirS, nirK, and nosZ) abundances in a created riverine wetland complex[J]. Ecol. Eng., 2014, 72, 47-55.

[133] Mutanga O, Adam E, Cho M. A. High density biomass estimation for wetland vegetation using WorldView-2 imagery and random forest regression algorithm[J]. Int. J. Appl. Earth Obs, 2012, 18, 399-406.

[134] 高春芳,刘超翔,王振,等. 人工湿地组合生态工艺对规模化猪场养殖废水的净化效果研究[J]. 生态环境学报, 2011, 20, 154-159.

[135] Liang W, Wu Z. B, Cheng S. P, et al. Roles of substrate microorganisms and urease activities in wastewater purification in a constructed wetland system [J]. Ecol. Eng., 2003, 21, 191-195.

[136] Ávila C, Reyes C, Bayona J. M, et al. Emerging organic contaminant removal depending on primary treatment and operational strategy in horizontal subsurface flow constructed wetlands: Influence of redox[J]. Water Res., 2013, 47, 315-325.

[137] Zhang D. Q, Gersberg R. M, Hua T, et al. Pharmaceutical removal in tropical subsurface flow constructed wetlands at varying hydraulic loading rates[J]. Chemosphere, 2012, 87, 273-277.

[138] Narváez L, Cunill C, Cáceres R, et al. Design and monitoring of horizontal subsur-

face-flow constructed wetlands for treating nursery leachates[J]. Bioresour Technol., 2011, 102, 6414-6420.

[139] Babatunde A. O, Zhao Y. Q, Doyle R. J, et al. Performance evaluation and prediction for a pilot two-stage on-site constructed wetland system employing dewatered alum sludge as main substrate[J]. Bioresour Technol., 2011, 102, 5645-5652.

[140] Stefanakis A. I, Tsihrintzis V. A. Effects of loading, resting period, temperature, porous media, vegetation and aeration on performance of pilot-scale vertical flow constructed wetlands[J]. Chem. Eng. J., 2012, 181, 416-430.

[141] Chu B, Chen X, Li Q, et al. Effects of salinity on the transformation of heavy metals in tropical estuary wetland soil[J]. Chem Ecol, 2015, 31, 186-198.

[142] Hadad H. R, Maine M. A, Bonetto C. A. Macrophyte growth in a pilot-scale constructed wetland for industrial wastewater treatment[J]. Chemosphere. 2006, 63, 1744-1753.

[143] Huang W, Chen Q, Ren K, et al. Vertical distribution and retention mechanism of nitrogen and phosphorus in soils with different macrophytes of a natural river mouth wetland[J]. Environ Monit Assess, 2015, 187, 1-10.

[144] Li C. Y, Wu S. B, Dong R. J. Dynamics of organic matter, nitrogen and phosphorus removal and their interactions in a tidal operated constructed wetland[J]. J. Environ. Manage, 2015, 151, 310-316.

[145] Vymazal J, Kropfelova L. Removal of organics in constructed wetlands with horizontal sub-surface flow: A review of the field experience[J]. Sci. Total Environ, 2009, 407, 3911-3977.

[146] 司马卫平, 何强, 夏安林, 等. 人工湿地处理城市污水效能的影响因素分析[J]. 环境工程学报, 2008, 2, 319-323.

[147] Normand P, Gury J, Pujic P, et al. Genome sequence of radiation-resistant modestobactermarinus strain BC501, a representative *Actinobacterium* that thrives on calcareous stone surfaces[J]. J. Bacteriol., 2012, 194, 4773-4774.

[148] Vaishampayan P. A, Rabbow E, Horneck G, et al. Survival of Bacillus pumilus spores for a prolonged period of time in real space conditions[J]. Astrobiology, 2012, 12, 487-497.

[149] 刘慎坦, 王国芳, 谢祥峰, 等. 不同基质对人工湿地脱氮效果和硝化及反硝化细菌分布的影响[J]. 东南大学学报(自然科学版), 2011, 41, 400-405.

[150] 中华人民共和国水利部. 土工试验方法标准(GB/T 50123—1999)[S]. 北京:中国计划出版社, 2004.

[151] Czudar A, Gyulai I, Keresztúri P, et al. Removal of organic material and plant nutrients in a constructed wetland for petrochemical wastewater treatment[J]. Studia Universitatis "Vasile Goldiş" Seria Ştiinţele Vieţii, 2011, 21, 109-114.

[152] Bulc T. G, Ojstršek A. The use of constructed wetland for dye-rich textile wastewater treatment [J]. J. Hazard. Mater., 2008, 155, 76-82.

[153] 国家发展改革委,建设部. 建设项目经济评价方法与参数.(第三版)[S]. 北京:中国计划出版社, 2006.